24년 출간 교재 25년 출간 교재

			예비 초등	1-2학년	3-4학년	5-6학년	예비 중등
쓰기력	국어	한글 바로 쓰기	P1 P2 P3 P1~3_활동 모음집				
	국어	맞춤법 바로 쓰기		1A 1B 2A 2B			
어휘력	전 과목	어휘		1A 1B 2A 2B	3A 3B 4A 4B	5A 5B 6A 6B	
	전 과목	한자 어휘		1A 1B 2A 2B	3A 3B 4A 4B	5A 5B 6A 6B	
	영어	파닉스		1 2			
	영어	영단어			3A 3B 4A 4B	5A 5B 6A 6B	
독해력	국어	독해	P1 P2	1A 1B 2A 2B	3A 3B 4A 4B	5A 5B 6A 6B	
	한국사	독해 인물편			1 2	3 4	
	한국사	독해 시대편			1 2	3 4	
계산력	수학	계산		1A 1B 2A 2B	3A 3B 4A 4B	5A 5B 6A 6B	7A 7B
교과서 문해력	전 과목	개념어 +서술어		1A 1B 2A 2B	3A 3B 4A 4B	5A 5B 6A 6B	
	사회	교과서 독해			3A 3B 4A 4B	5A 5B 6A 6B	
	과학	교과서 독해			3A 3B 4A 4B	5A 5B 6A 6B	
	수학	문장제 기본		1A 1B 2A 2B	3A 3B 4A 4B	5A 5B 6A 6B	
	수학	문장제 발전		1A 1B 2A 2B	3A 3B 4A 4B	5A 5B 6A 6B	
창의·사고력	전 영역	창의력 키우기	1 2 3 4				

* 초등학생을 위한 영역별 배경지식 함양 <완자 공부력> 시리즈는 2024년부터 출간됩니다.

* 완자 공부력 신간은 계속해서 출간됩니다.

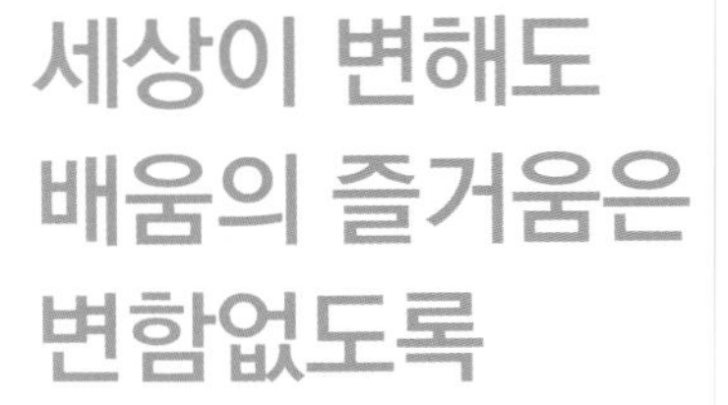

시대는 빠르게 변해도
배움의 즐거움은
변함없어야 하기에

어제의 비상은
남다른 교재부터
결이 다른 콘텐츠
전에 없던 교육 플랫폼까지

변함없는 혁신으로
교육 문화 환경의 새로운 전형을
실현해왔습니다.

비상은 오늘, 다시 한번
새로운 교육 문화 환경을 실현하기 위한
또 하나의 혁신을 시작합니다.

오늘의 내가 어제의 나를 초월하고
오늘의 교육이 어제의 교육을 초월하여
배움의 즐거움을 지속하는 혁신,

바로, 메타인지 기반 완전 학습을.

상상을 실현하는 교육 문화 기업 비상

메타인지 기반 완전 학습

초월을 뜻하는 meta와 생각을 뜻하는 인지가 결합한 메타인지는
자신이 알고 모르는 것을 스스로 구분하고 학습계획을 세우도록 하는
궁극의 학습 능력입니다. 비상의 메타인지 기반 완전 학습 시스템은
잠들어 있는 메타인지를 깨워 공부를 100% 내 것으로 만들도록 합니다.

공부로 이끄는 힘!

완자 공부력

교과서 문해력 **수학 문장제** | 기본 | 3A

3학년

수학 문장제 기본 단계별 구성

1A	1B	2A	2B	3A	3B
9까지의 수	100까지의 수	세 자리 수	네 자리 수	덧셈과 뺄셈	곱셈
여러 가지 모양	덧셈과 뺄셈 (1)	여러 가지 도형	곱셈구구	평면도형	나눗셈
덧셈과 뺄셈	여러 가지 모양	덧셈과 뺄셈	길이 재기	나눗셈	원
비교하기	덧셈과 뺄셈 (2)	길이 재기	시각과 시간	곱셈	분수
50까지의 수	시계 보기와 규칙 찾기	분류하기	표와 그래프	길이와 시간	들이와 무게
	덧셈과 뺄셈 (3)	곱셈	규칙 찾기	분수와 소수	자료의 정리

수학 교과서 전 단원, 전 영역 문장제 문제를
쉽게 익히고 연습하여 문제 해결력을 길러요!

4A	4B	5A	5B	6A	6B
큰 수	분수의 덧셈과 뺄셈	자연수의 혼합 계산	수의 범위와 어림하기	분수의 나눗셈	분수의 나눗셈
각도	삼각형	약수와 배수	분수의 곱셈	각기둥과 각뿔	소수의 나눗셈
곱셈과 나눗셈	소수의 덧셈과 뺄셈	규칙과 대응	합동과 대칭	소수의 나눗셈	공간과 입체
평면도형의 이동	사각형	약분과 통분	소수의 곱셈	비와 비율	비례식과 비례배분
막대 그래프	꺾은선 그래프	분수의 덧셈과 뺄셈	직육면체	여러 가지 그래프	원의 둘레와 넓이
규칙 찾기	다각형	다각형의 둘레와 넓이	평균과 가능성	직육면체의 부피와 겉넓이	원기둥, 원뿔, 구

특징과 활용법

준비하기
단원별 2쪽, 가볍게 몸풀기

문장제 준비하기

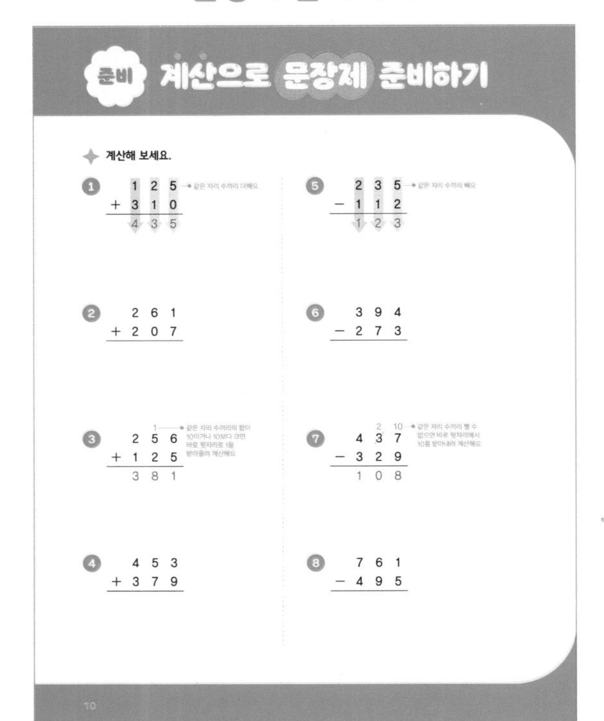

준비 계산으로 문장제 준비하기

✦ 계산해 보세요.

1. 125 + 310 = 435 (같은 자리 수끼리 더해요.)
2. 261 + 207
3. 256 + 125 = 381
4. 453 + 379
5. 235 − 112 = 123 (같은 자리 수끼리 빼요.)
6. 394 − 273
7. 437 − 329 = 108
8. 761 − 495

10

계산 문제나 기본 문제를
풀면서 개념을 확인해요!
잘 기억나지 않는 건
도움말을 보면서 떠올려요!

일차 학습
하루 4쪽, 문장제 학습

1일 모두 몇인지 구하기

이것만 알자 모두 몇 개 ➔ 두 수를 더하기

예) 오늘 도서관을 방문한 사람은 오전에 134명, 오후에 215명입니다.
오늘 도서관을 방문한 사람은 모두 몇 명인가요?

(오늘 도서관을 방문한 사람 수)
= (오전에 방문한 사람 수) + (오후에 방문한 사람 수)

식 134 + 215 = 349 답 349명

1. 소진이는 농장에서 딸기를 어제는 142개 땄고, 오늘은 153개 땄습니다.
소진이가 어제와 오늘 딴 딸기는 모두 몇 개인가요?

식 142 + 153 = ☐ 답 ☐개

2. 다효네 반에 있는 빨간색 도화지는 245장이고, 노란색 도화지는 129장입니다.
다효네 반에 있는 빨간색 도화지와 노란색 도화지는 모두 몇 장인가요?

식 ☐ + ☐ = ☐ 답 ☐장

12

하루에 4쪽만 공부하면 끝!
이것만 알자 속 내용만 기억하면
풀이가 술술~

실력 확인하기

단원별 마무리하기와 총정리 실력 평가

마무리하기

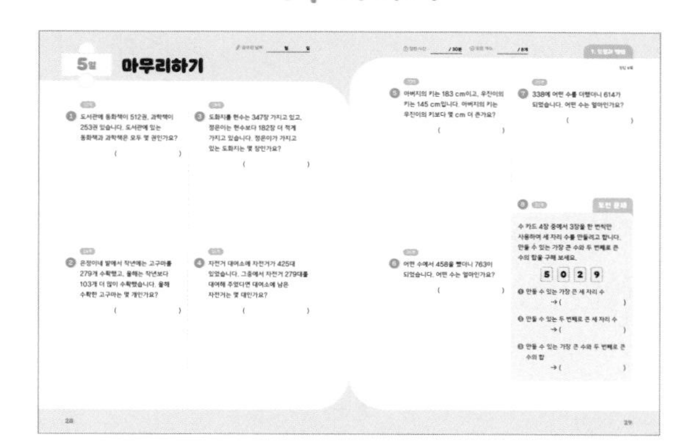

앞에서 배운 문제를
풀면서 실력을 확인해요.
조금 더 어려운 도전 문제까지
성공하면 최고!

실력 평가

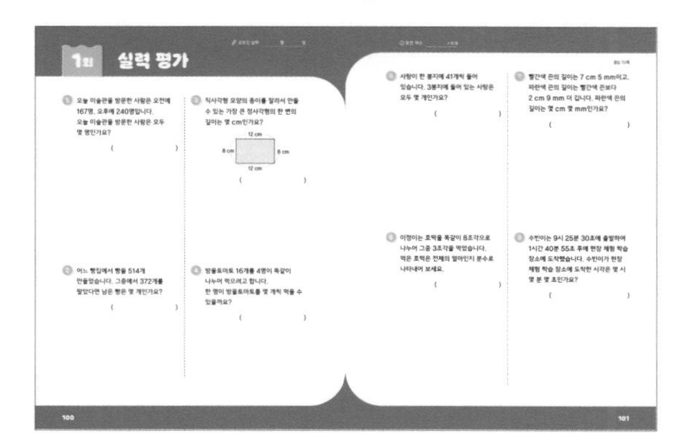

한 권을 모두 끝낸 후엔
실력 평가로 내 실력을 점검해요!
6개 이상 맞혔으면
발전편으로 GO!

정답과 해설

정답과 해설을 빠르게 확인하고,
틀린 문제는 다시 풀어요!
QR을 찍으면 모바일로도
정답을 확인할 수 있어요!

차례

1 덧셈과 뺄셈

준비

계산으로
문장제 준비하기

1일차

✦ 모두 몇인지 구하기

✦ 더 많은 수 구하기

2일차

✦ 남은 수 구하기

✦ 더 적은 수 구하기

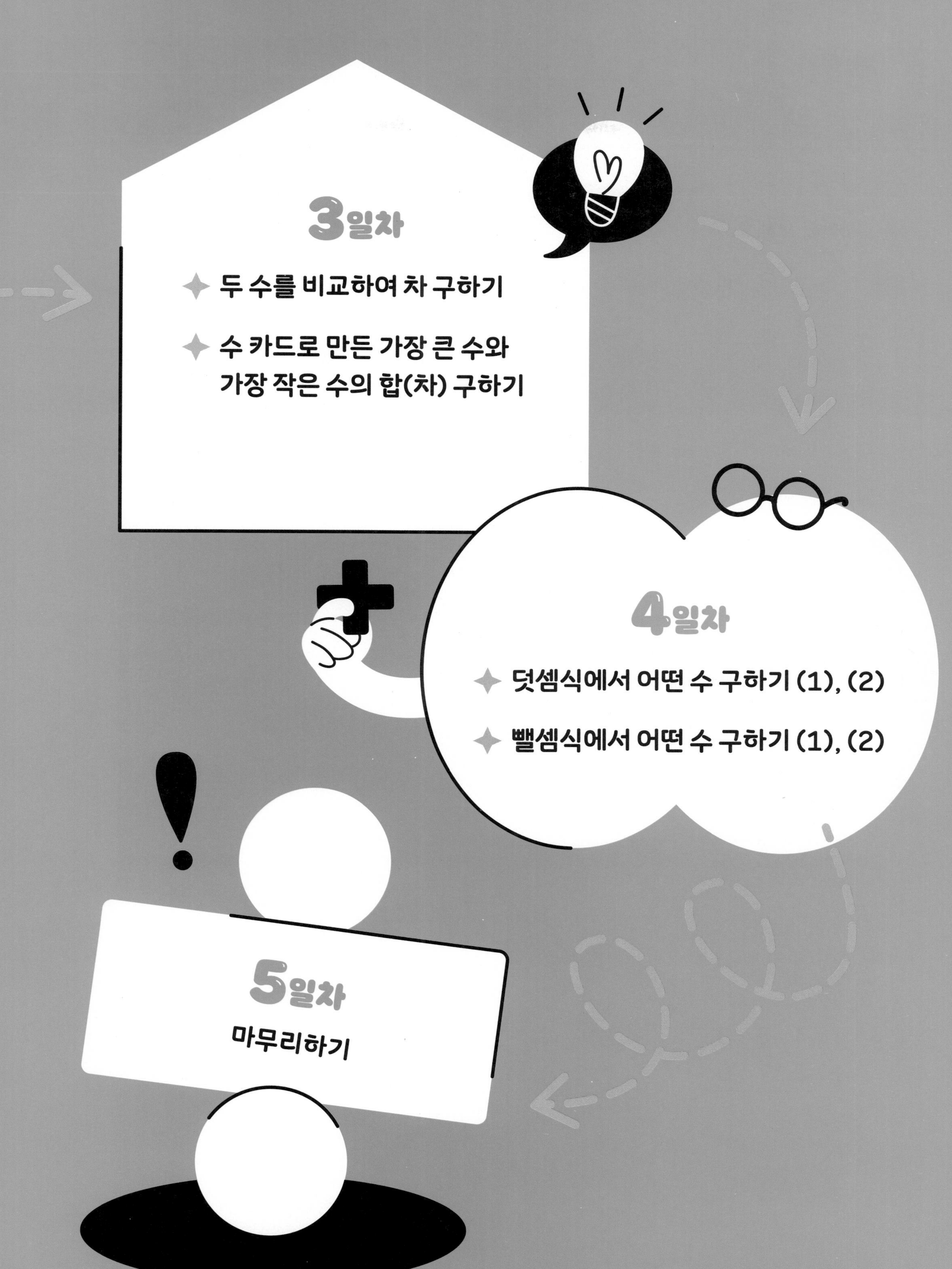
3일차
두 수를 비교하여 차 구하기
수 카드로 만든 가장 큰 수와
가장 작은 수의 합(차) 구하기
4일차
덧셈식에서 어떤 수 구하기 (1), (2)
뺄셈식에서 어떤 수 구하기 (1), (2)
5일차
마무리하기

준비 계산으로 문장제 준비하기

계산해 보세요.

1

$$\begin{array}{r} 1\ 2\ 5 \\ +\ 3\ 1\ 0 \\ \hline 4\ 3\ 5 \end{array}$$

같은 자리 수끼리 더해요.

2

$$\begin{array}{r} 2\ 6\ 1 \\ +\ 2\ 0\ 7 \\ \hline \end{array}$$

3

$$\begin{array}{r} {}^{1}\ \ \ \ \\ 2\ 5\ 6 \\ +\ 1\ 2\ 5 \\ \hline 3\ 8\ 1 \end{array}$$

같은 자리 수끼리의 합이 10이거나 10보다 크면 바로 윗자리로 1을 받아올려 계산해요.

4

$$\begin{array}{r} 4\ 5\ 3 \\ +\ 3\ 7\ 9 \\ \hline \end{array}$$

5

$$\begin{array}{r} 2\ 3\ 5 \\ -\ 1\ 1\ 2 \\ \hline 1\ 2\ 3 \end{array}$$

같은 자리 수끼리 빼요.

6

$$\begin{array}{r} 3\ 9\ 4 \\ -\ 2\ 7\ 3 \\ \hline \end{array}$$

7

$$\begin{array}{r} 2\ \ 10 \\ 4\ \not{3}\ 7 \\ -\ 3\ 2\ 9 \\ \hline 1\ 0\ 8 \end{array}$$

같은 자리 수끼리 뺄 수 없으면 바로 윗자리에서 10을 받아내려 계산해요.

8

$$\begin{array}{r} 7\ 6\ 1 \\ -\ 4\ 9\ 5 \\ \hline \end{array}$$

정답 2쪽

⑨ $103+152=$

⑩ $229+137=$

⑪ $312+590=$

⑫ $498+352=$

⑬ $625+587=$

⑭ $297-165=$

⑮ $421-350=$

⑯ $520-304=$

⑰ $740-271=$

⑱ $854-166=$

1일 모두 몇인지 구하기

이것만 알자 **모두 몇 개 → 두 수를 더하기**

예 오늘 도서관을 방문한 사람은 오전에 134명, 오후에 215명입니다.
오늘 도서관을 방문한 사람은 모두 몇 명인가요?

(오늘 도서관을 방문한 사람 수)
= (오전에 방문한 사람 수) + (오후에 방문한 사람 수)

식 134 + 215 = 349 답 349명

1 소진이는 농장에서 딸기를 어제는 142개 땄고, 오늘은 153개 땄습니다.
소진이가 어제와 오늘 딴 딸기는 모두 몇 개인가요?

식 142 + 153 = ☐ 답 ☐개

어제 딴 딸기 수 오늘 딴 딸기 수

2 다효네 반에 있는 빨간색 도화지는 245장이고, 노란색 도화지는 129장입니다.
다효네 반에 있는 빨간색 도화지와 노란색 도화지는 모두 몇 장인가요?

식 ☐ + ☐ = ☐ 답 ☐장

왼쪽 ①, ②번과 같이 문제의 핵심 부분에 색칠하고, 계산해야 하는 두 수에 밑줄을 그어 문제를 풀어 보세요.

정답 2쪽

③ 보라는 욕조에 차가운 물을 392 L 담고, 따뜻한 물을 174 L 담았습니다. 보라가 욕조에 담은 물은 모두 몇 L인가요?

식 ______________________ 답 ____________

④ 어제 영화관에 입장한 사람은 457명이고, 오늘 영화관에 입장한 사람은 398명입니다. 어제와 오늘 영화관에 입장한 사람은 모두 몇 명인가요?

식 ______________________ 답 ____________

⑤ 학교에서 약국까지의 거리는 562 m이고, 약국에서 집까지의 거리는 479 m입니다. 학교에서 약국을 거쳐 집까지 가는 거리는 모두 몇 m인가요?

학교 약국 집

562 m 479 m

식 ______________________ 답 ____________

⑥ 자동차 공장에서 자동차를 지난달에 853대, 이번 달에 768대 만들었습니다. 이 공장에서 지난달과 이번 달에 만든 자동차는 모두 몇 대인가요?

식 ______________________ 답 ____________

1일 더 많은 수 구하기

이것만 알자 ■보다 ▲ 더 많이 → ■+▲

예 다현이가 줄넘기를 어제는 215번 넘었고, 오늘은 어제보다 130번 더 많이 넘었습니다. 다현이가 오늘 넘은 줄넘기는 몇 번인가요?

(오늘 넘은 줄넘기 수)
= (어제 넘은 줄넘기 수) + 130

식 215 + 130 = 345

답 345번

'더 오래', '더 멀리', '더 길게'와 같은 표현이 있으면 덧셈식을 이용해요.

1 어느 과수원에서 작년에는 수박을 243통 수확했고, 올해는 작년보다 125통 더 많이 수확했습니다. 이 과수원에서 올해 수확한 수박은 몇 통인가요?

식 243+125=□ (243: 작년에 수확한 수박의 수)

답 □통

2 재희가 가지고 있는 끈은 365 cm이고, 유미가 가지고 있는 끈은 재희가 가지고 있는 끈보다 281 cm 더 깁니다. 유미가 가지고 있는 끈은 몇 cm인가요?

식 □+□=□

답 □cm

왼쪽 ①, ②번과 같이 문제의 핵심 부분에 색칠하고,
계산해야 하는 두 수에 밑줄을 그어 문제를 풀어 보세요.

정답 3쪽

③ 은채는 오늘 우유를 261 mL 마셨고, 물은 우유보다 197 mL 더 많이 마셨습니다. 은채가 오늘 마신 물은 몇 mL인가요?

식

답

④ 박물관에 어제 입장한 사람은 582명이고, 오늘은 어제보다 340명 더 많이 입장했습니다. 오늘 박물관에 입장한 사람은 몇 명인가요?

식

답

⑤ 유라는 지난주에 책을 578분 동안 읽었고, 이번 주에는 지난주보다 243분 더 오래 읽었습니다. 유라가 이번 주에 책을 읽은 시간은 몇 분인가요?

식

답

⑥ 제과점에서 어제 판매한 빵은 627개이고, 오늘 판매한 빵은 어제 판매한 빵보다 493개 더 많습니다. 제과점에서 오늘 판매한 빵은 몇 개인가요?

식

답

2일 남은 수 구하기

이것만 알자

~하고 남은 것은 몇 개
→ (처음에 있던 수) − (없어진 수)

예 책갈피 324개가 있었습니다. 그중에서 130개를 학생들에게 나누어 주었다면 남은 책갈피는 몇 개인가요?

(남은 책갈피 수)
= (처음에 있던 책갈피 수) − (학생들에게 준 책갈피 수)

식 324 − 130 = 194　　답 194개

1 민하는 구슬을 417개 모았습니다. 그중에서 205개를 친구들에게 나누어 주었다면 남은 구슬은 몇 개인가요?

식 417 − 205 = ☐　　답 ☐개

모은 구슬 수　　친구들에게 준 구슬 수

2 주말농장에서 방울토마토 642개를 땄습니다. 그중에서 391개를 이웃에게 나누어 주었다면 남은 방울토마토는 몇 개인가요?

식 ☐ − ☐ = ☐　　답 ☐개

왼쪽 ①, ②번과 같이 문제의 핵심 부분에 색칠하고,
계산해야 하는 두 수에 밑줄을 그어 문제를 풀어 보세요.

정답 3쪽

③ 학교 도서관에 동화책이 516권 있었습니다. 그중에서 학생들이 142권을 빌려갔다면 남은 동화책은 몇 권인가요?

식 ______ 답 ______

④ 현서는 길이가 490 cm인 끈 중에서 선물 상자를 묶는 데 173 cm를 사용했습니다. 남은 끈은 몇 cm인가요?

식 ______ 답 ______

⑤ 진주와 가은이는 바자회에서 인형 361개 중에서 284개를 팔았습니다. 팔고 남은 인형은 몇 개인가요?

식 ______

답 ______

⑥ 선우는 학교에서 집으로 가고 있습니다. 학교에서 집까지의 거리는 735 m이고, 358 m만큼 왔다면 남은 거리는 몇 m인가요?

식 ______ 답 ______

2일

더 적은 수 구하기

이것만 알자

■보다 ▲ 더 적게 → ■ − ▲

예 색종이를 현지는 273장 가지고 있고, 시은이는 현지보다 152장 더 적게 가지고 있습니다. 시은이가 가지고 있는 색종이는 몇 장인가요?

(시은이가 가지고 있는 색종이 수)
= (현지가 가지고 있는 색종이 수) − 152

식 273 − 152 = 121　　답 121장

1 은성이는 줄넘기를 368번 넘었고, 연우는 은성이보다 210번 더 적게 넘었습니다. 연우는 줄넘기를 몇 번 넘었나요?

식 368 − 210 = ☐　　답 ☐번

은성이가 넘은 줄넘기 수

2 솔이네 학교 여학생은 452명이고, 남학생은 여학생보다 138명 더 적습니다. 솔이네 학교 남학생은 몇 명인가요?

식 ☐ − ☐ = ☐　　답 ☐명

왼쪽 ①, ②번과 같이 문제의 핵심 부분에 색칠하고,
계산해야 하는 두 수에 밑줄을 그어 문제를 풀어 보세요.

정답 4쪽

③ 구슬을 서준이는 406개 모았고, 규리는 서준이보다 171개 더 적게 모았습니다. 규리가 모은 구슬은 몇 개인가요?

식

답

④ 오늘 놀이공원에 입장한 사람은 791명입니다. 놀이공원에 어제 입장한 사람은 오늘 입장한 사람보다 235명 더 적습니다. 어제 놀이공원에 입장한 사람은 몇 명인가요?

식

답

⑤ 시우는 종이학을 815마리 접었고, 지호는 시우보다 469마리 더 적게 접었습니다. 지호가 접은 종이학은 몇 마리인가요?

식

답

⑥ 가게에서 초콜릿을 어제는 924개 팔았고, 오늘은 어제보다 378개 더 적게 팔았습니다. 오늘 판 초콜릿은 몇 개인가요?

식

답

3일 두 수를 비교하여 차 구하기

이것만 알자

■는 ▲보다 몇 개 더 많은(적은)가?

→ ■ − ▲

예 목장에 양이 386마리 있고, 염소가 174마리 있습니다.
목장에 있는 양은 염소보다 몇 마리 더 많은가요?

(양의 수) − (염소의 수)

식 386 − 174 = 212

답 212마리

'~보다 몇 명 더', '~보다 몇 마리 더', '~보다 몇 m 더'와 같은 표현이 있으면 뺄셈식을 이용해요.

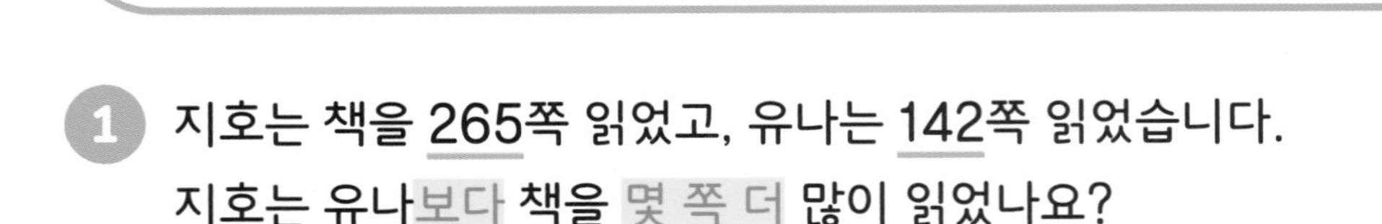

1 지호는 책을 265쪽 읽었고, 유나는 142쪽 읽었습니다.
지호는 유나보다 책을 몇 쪽 더 많이 읽었나요?

식 265 − 142 = ☐

지호가 읽은 책의 쪽수 / 유나가 읽은 책의 쪽수

답 ☐쪽

2 동물원에 어른은 547명, 어린이는 429명 입장했습니다.
동물원에 입장한 어른은 어린이보다 몇 명 더 많은가요?

식 ☐ − ☐ = ☐

답 ☐명

왼쪽 ①, ②번과 같이 문제의 핵심 부분에 색칠하고,
계산해야 하는 두 수에 밑줄을 그어 문제를 풀어 보세요.

정답 4쪽

3 노란색 물고기가 412마리, 빨간색 물고기가 280마리 있습니다.
노란색 물고기는 빨간색 물고기보다 몇 마리 더 많은가요?

식 ______________________ 답 ____________

4 선미의 키는 137 cm이고, 진하의 키는 150 cm입니다.
진하의 키는 선미의 키보다 몇 cm 더 큰가요?

식 ______________________ 답 ____________

5 민지네 학교 학생은 629명이고, 연주네 학교 학생은 703명입니다.
연주네 학교 학생은 민지네 학교 학생보다 몇 명 더 많은가요?

식 ______________________ 답 ____________

6 집에서 문구점까지의 거리는 641 m이고,
문구점에서 학교까지의 거리는 476 m입니다.
집에서 문구점까지의 거리는 문구점에서
학교까지의 거리보다 몇 m 더 먼가요?

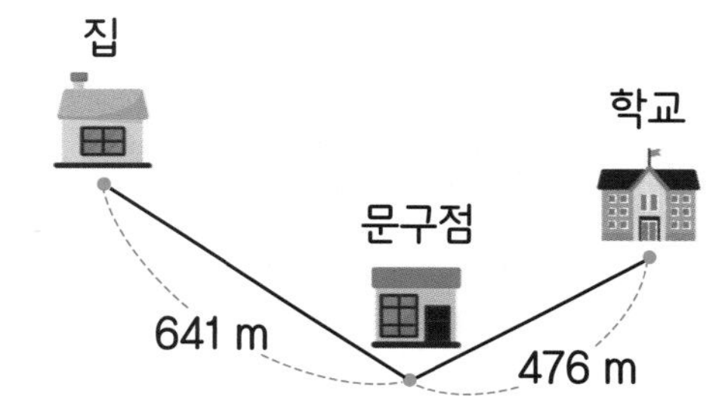

식 ______________________

답 ____________

3일

수 카드로 만든 가장 큰 수와 가장 작은 수의 합(차) 구하기

이것만 알자

가장 큰 수 ➔ 가장 큰 수부터 백, 십, 일의 자리에
가장 작은 수 ➔ 가장 작은 수부터 백, 십, 일의 자리에

예 수 카드 3장을 한 번씩만 사용하여 세 자리 수를 만들려고 합니다.
만들 수 있는 가장 큰 수와 가장 작은 수의 합을 구해 보세요.

1 3 6

만들 수 있는 가장 큰 세 자리 수: 631 → 큰 수부터 차례대로
만들 수 있는 가장 작은 세 자리 수: 136 → 작은 수부터 차례대로

식 $631 + 136 = 767$ 답 767

1 수 카드 3장을 한 번씩만 사용하여 세 자리 수를 만들려고 합니다.
만들 수 있는 가장 큰 수와 가장 작은 수의 합을 구해 보세요.

2 5 8

식 $852 + 258 = \square$ 답 $\square$

만들 수 있는 가장 큰 세 자리 수 (852)
만들 수 있는 가장 작은 세 자리 수 (258)

2 수 카드 3장을 한 번씩만 사용하여 세 자리 수를 만들려고 합니다.
만들 수 있는 가장 큰 수와 가장 작은 수의 차를 구해 보세요.

3 7 9

식 $\square - \square = \square$ 답 $\square$

**왼쪽 ①, ②번과 같이 문제의 핵심 부분에 색칠하고,
문제를 풀어 보세요.**

정답 5쪽

③ 수 카드 3장을 한 번씩만 사용하여 세 자리 수를 만들려고 합니다.
만들 수 있는 가장 큰 수와 가장 작은 수의 합을 구해 보세요.

4 1 8

식 ______________________ 답 ____________

④ 수 카드 3장을 한 번씩만 사용하여 세 자리 수를 만들려고 합니다.
만들 수 있는 가장 큰 수와 가장 작은 수의 차를 구해 보세요.

식 ______________________ 답 ____________

⑤ 수 카드 4장 중에서 3장을 한 번씩만 사용하여 세 자리 수를 만들려고 합니다.
만들 수 있는 가장 큰 수와 가장 작은 수의 차를 구해 보세요.

식 ______________________ 답 ____________

공부한 날짜 월 일

4일 덧셈식에서 어떤 수 구하기(1)

이것만 알자

어떤 수(□)에 ▲를 더했더니 ● ➔ □+▲=●

뺄셈식으로 나타내면 ➔ ●−▲=□

예 어떤 수에 130을 더했더니 256이 되었습니다. 어떤 수는 얼마인가요?

❶ 어떤 수를 □라 하여 덧셈식을 만듭니다.

□ + 130 = 256

❷ 덧셈식을 뺄셈식으로 나타내어 어떤 수를 구합니다.

□ + 130 = 256 ⇨ 256 − 130 = □, □ = 126

답 126

1 어떤 수에 116을 더했더니 325가 되었습니다. 어떤 수는 얼마인가요?

풀이

어떤 수

■+116=325

⇨ □−116=■, ■=□

답

2 어떤 수에 291을 더했더니 584가 되었습니다. 어떤 수는 얼마인가요?

풀이

어떤 수

■+291=□

⇨ □−□=■, ■=□

답

덧셈식에서 어떤 수 구하기(2)

정답 5쪽

이것만 알자

▲에 어떤 수(□)를 더했더니 ● ➔ ▲+□=●
뺄셈식으로 나타내면 ➔ ●−▲=□

예 259에 어떤 수를 더했더니 471이 되었습니다. 어떤 수는 얼마인가요?

❶ 어떤 수를 □라 하여 덧셈식을 만듭니다.
259 + □ = 471

❷ 덧셈식을 뺄셈식으로 나타내어 어떤 수를 구합니다.
259 + □ = 471 ⇨ 471 − 259 = □, □ = 212

답 212

1 248에 어떤 수를 더했더니 519가 되었습니다. 어떤 수는 얼마인가요?

풀이

248 + ■(어떤 수) = 519
⇨ □ − 248 = ■, ■ = □

답

2 347에 어떤 수를 더했더니 602가 되었습니다. 어떤 수는 얼마인가요?

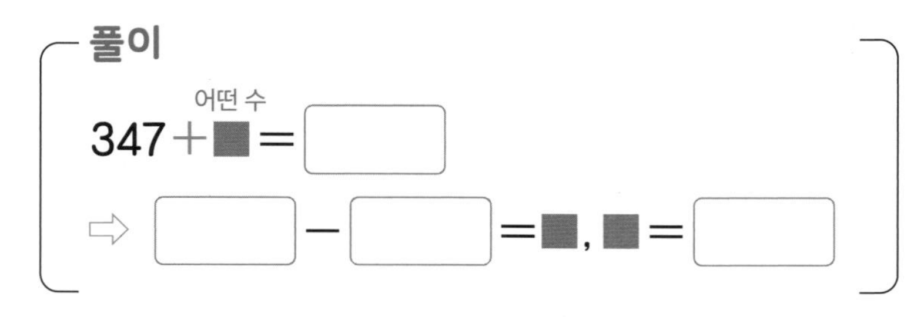

답

4일

뺄셈식에서 어떤 수 구하기(1)

이것만 알자

어떤 수(□)에서 ▲를 뺐더니 ● ➔ □－▲＝●
덧셈식으로 나타내면 ➔ ●＋▲＝□

예 어떤 수에서 316을 뺐더니 257이 되었습니다. 어떤 수는 얼마인가요?

❶ 어떤 수를 □라 하여 뺄셈식을 만듭니다.
□ − 316 = 257

❷ 뺄셈식을 덧셈식으로 나타내어 어떤 수를 구합니다.
□ − 316 = 257 ⇨ 257 + 316 = □, □ = 573

답 573

1 어떤 수에서 175를 뺐더니 493이 되었습니다. 어떤 수는 얼마인가요?

풀이

어떤 수
■－175＝493
⇨ ☐＋175＝■, ■＝☐

답

2 어떤 수에서 598을 뺐더니 376이 되었습니다. 어떤 수는 얼마인가요?

풀이

어떤 수
■－598＝☐
⇨ ☐＋☐＝■, ■＝☐

답

뺄셈식에서 어떤 수 구하기(2)

정답 6쪽

이것만 알자

▲에서 어떤 수(□)를 뺐더니 ● ➔ ▲−□=●
다른 뺄셈식으로 나타내면 ➔ ▲−●=□

예 217에서 어떤 수를 뺐더니 125가 되었습니다. 어떤 수는 얼마인가요?

❶ 어떤 수를 □라 하여 뺄셈식을 만듭니다.

217 − □ = 125

❷ 뺄셈식을 다른 뺄셈식으로 나타내어 어떤 수를 구합니다.

217 − □ = 125 ⇨ 217 − 125 = □, □ = 92

답 92

1 781에서 어떤 수를 뺐더니 423이 되었습니다. 어떤 수는 얼마인가요?

풀이

어떤 수

781 − ■ = 423

⇨ 781 − ☐ = ■, ■ = ☐

답 ____

2 840에서 어떤 수를 뺐더니 562가 되었습니다. 어떤 수는 얼마인가요?

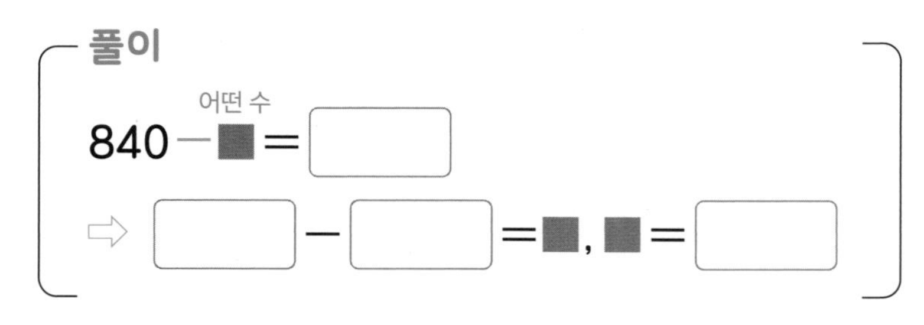

답 ____

5일 마무리하기

12쪽

1 도서관에 동화책이 512권, 과학책이 253권 있습니다. 도서관에 있는 동화책과 과학책은 모두 몇 권인가요?

( )

14쪽

2 은정이네 밭에서 작년에는 고구마를 279개 수확했고, 올해는 작년보다 103개 더 많이 수확했습니다. 올해 수확한 고구마는 몇 개인가요?

( )

18쪽

3 도화지를 현수는 347장 가지고 있고, 정은이는 현수보다 182장 더 적게 가지고 있습니다. 정은이가 가지고 있는 도화지는 몇 장인가요?

( )

16쪽

4 자전거 대여소에 자전거가 425대 있었습니다. 그중에서 자전거 279대를 대여해 주었다면 대여소에 남은 자전거는 몇 대인가요?

( )

정답 6쪽

20쪽

5 아버지의 키는 183 cm이고, 우진이의 키는 145 cm입니다. 아버지의 키는 우진이의 키보다 몇 cm 더 큰가요?

( )

26쪽

6 어떤 수에서 458을 뺐더니 763이 되었습니다. 어떤 수는 얼마인가요?

( )

25쪽

7 338에 어떤 수를 더했더니 614가 되었습니다. 어떤 수는 얼마인가요?

( )

8 22쪽

도전 문제

수 카드 4장 중에서 3장을 한 번씩만 사용하여 세 자리 수를 만들려고 합니다. 만들 수 있는 가장 큰 수와 두 번째로 큰 수의 합을 구해 보세요.

5 0 2 9

❶ 만들 수 있는 가장 큰 세 자리 수

→ ( )

❷ 만들 수 있는 두 번째로 큰 세 자리 수

→ ( )

❸ 만들 수 있는 가장 큰 수와 두 번째로 큰 수의 합

→ ( )

2 평면도형

준비

기본 문제로
문장제 준비하기

6일차

- 잘랐을 때 생기는 도형은 모두 몇 개인지 구하기
- 만들 수 있는 가장 큰 정사각형의 한 변의 길이 구하기

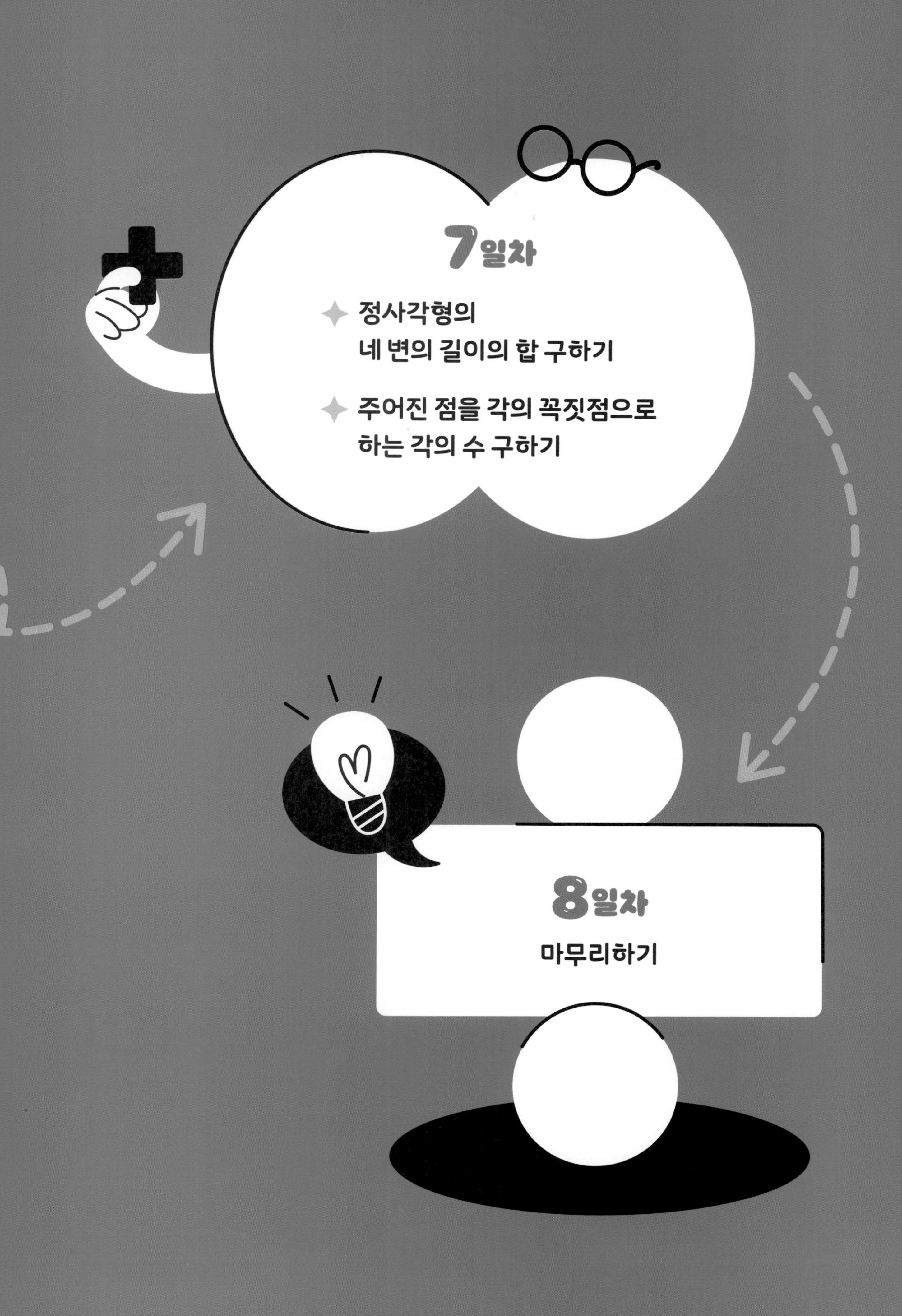
7일차
정사각형의
네 변의 길이의 합 구하기
주어진 점을 각의 꼭짓점으로
하는 각의 수 구하기
8일차
마무리하기

준비 기본 문제로 문장제 준비하기

선분: 두 점을 곧게 이은 선
직선: 선분을 양쪽으로 끝없이 늘인 곧은 선
반직선: 한 점에서 시작하여 한쪽으로 끝없이 늘인 곧은 선

1 선분, 직선, 반직선을 각각 찾아보세요.

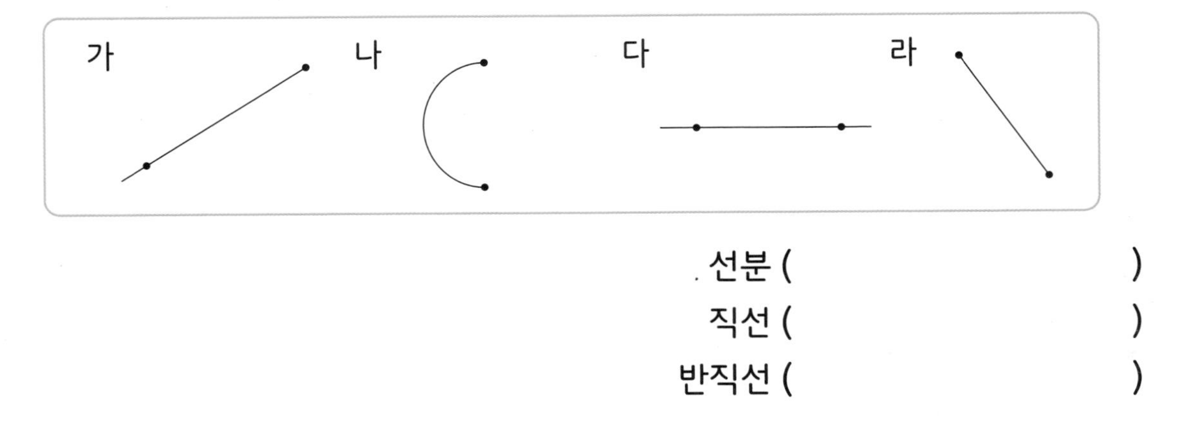

선분 ( )
직선 ( )
반직선 ( )

2 각을 모두 찾아 ○표 하세요.

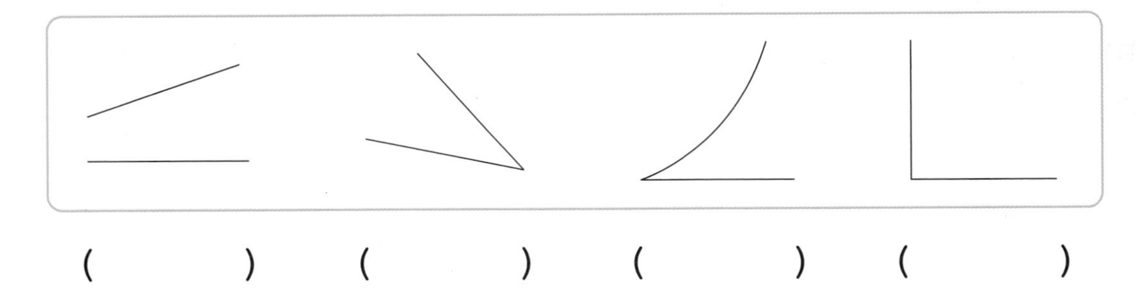

( ) ( ) ( ) ( )

3 도형에서 직각을 모두 찾아 ∟로 표시해 보세요.

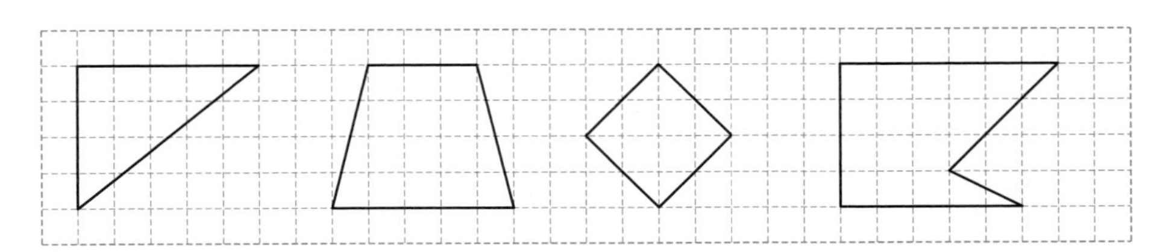

정답 7쪽

4 직각삼각형을 모두 찾아 ◯표 하세요.

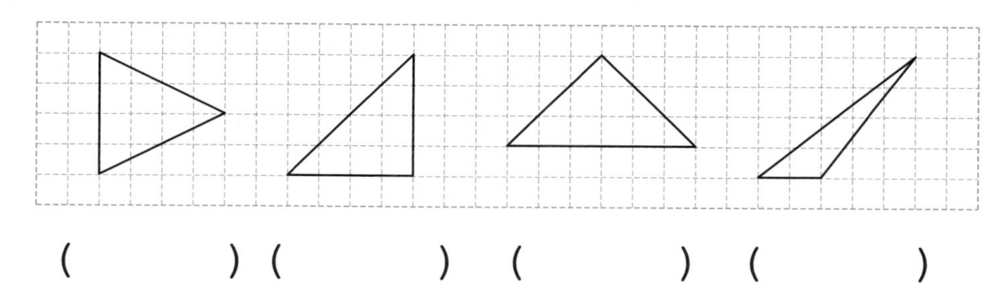

( ) ( ) ( ) ( )

5 직사각형을 모두 찾아 ◯표 하세요.

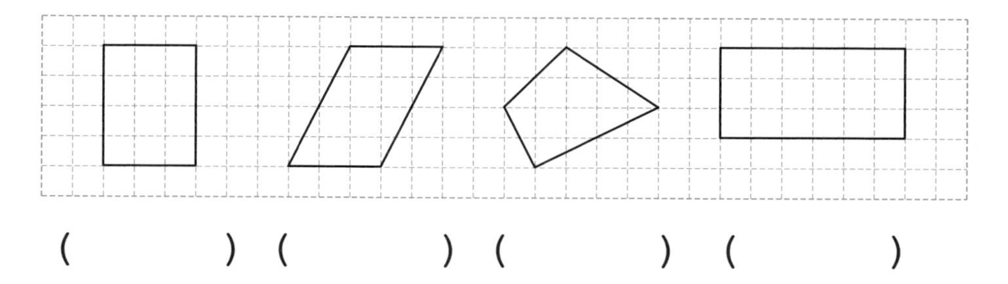

( ) ( ) ( ) ( )

6 정사각형을 모두 찾아 ◯표 하세요.

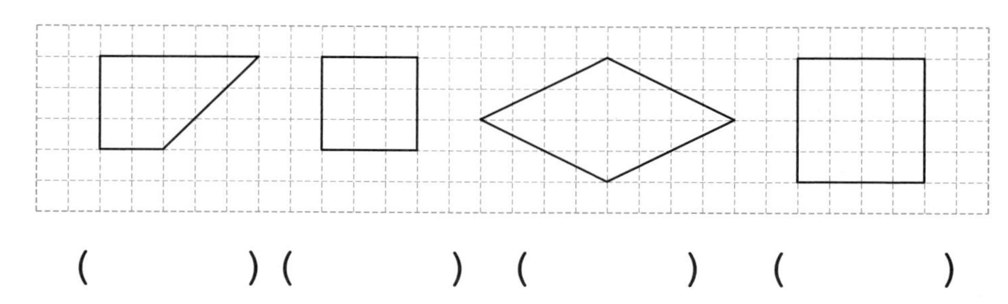

( ) ( ) ( ) ( )

6일 잘랐을 때 생기는 도형은 모두 몇 개인지 구하기

이것만 알자

잘랐을 때 생기는 직각삼각형
➔ 각각의 작은 조각 중 직각삼각형 찾기

예 오른쪽 색종이를 점선을 따라 잘랐을 때 생기는 직각삼각형은 모두 몇 개인가요?

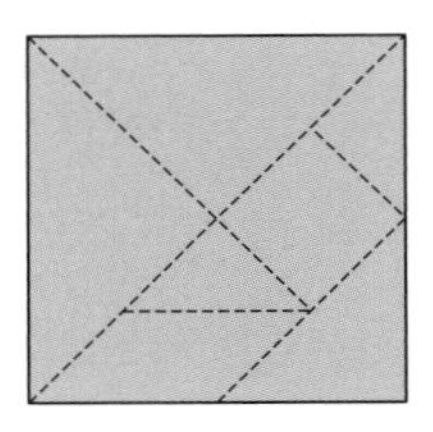

색종이를 점선을 따라 자르면 직각삼각형이 5개 생깁니다.

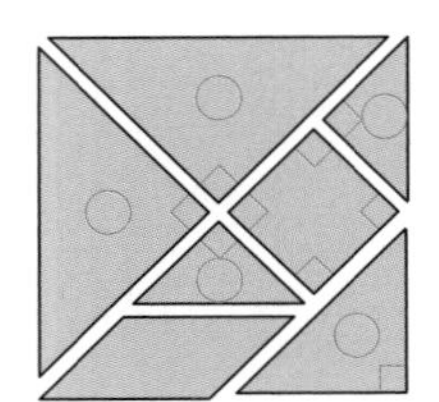

⇨ 직각삼각형: 5개

답 5개

1 오른쪽 색종이를 점선을 따라 잘랐을 때 생기는 직각삼각형은 모두 몇 개인가요?

(개)

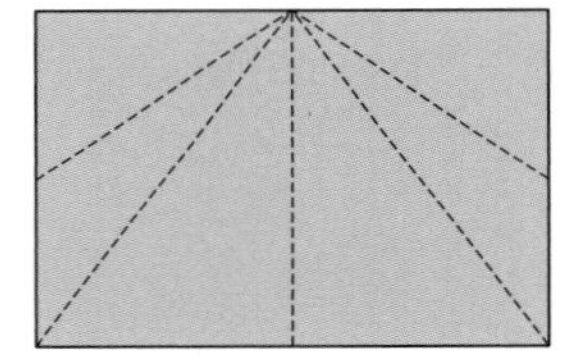

2 오른쪽 색종이를 점선을 따라 잘랐을 때 생기는 직사각형은 모두 몇 개인가요?

(개)

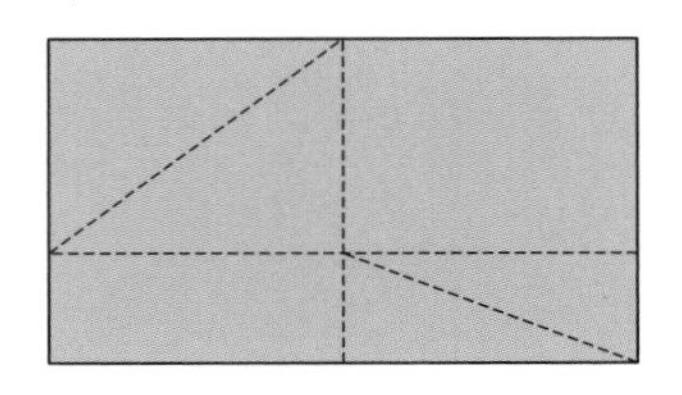

왼쪽 ①, ②번과 같이 문제의 핵심 부분에 색칠하고,
문제를 풀어 보세요.

정답 7쪽

3 오른쪽 색종이를 점선을 따라 잘랐을 때 생기는 직각삼각형은 모두 몇 개인가요?

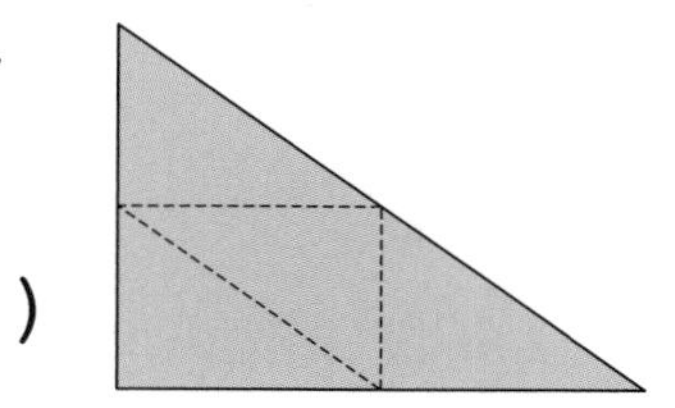

( )

4 오른쪽 색종이를 점선을 따라 잘랐을 때 생기는 직사각형은 모두 몇 개인가요?

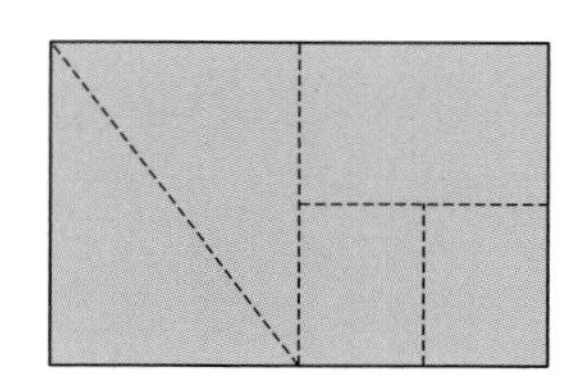

( )

5 색종이를 점선을 따라 잘랐을 때 생기는 직사각형은 모두 몇 개인가요?

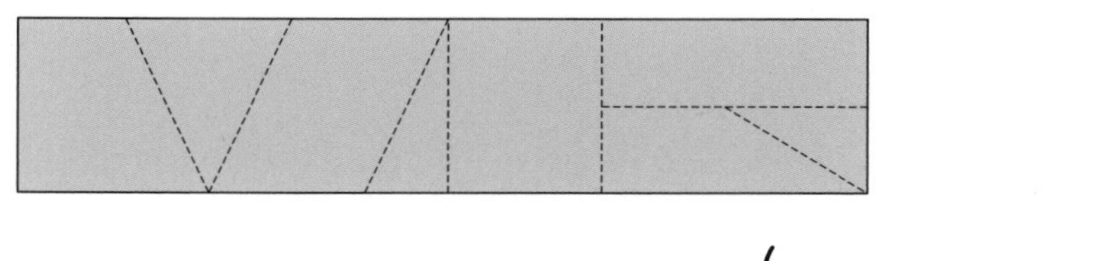

( )

6일 만들 수 있는 가장 큰 정사각형의 한 변의 길이 구하기

이것만 알자

만들 수 있는 가장 큰 정사각형의 한 변의 길이
→ 처음 직사각형의 짧은 변의 길이

예 오른쪽 직사각형 모양의 종이를 잘라서 만들 수 있는 가장 큰 정사각형의 한 변의 길이는 몇 cm인가요?

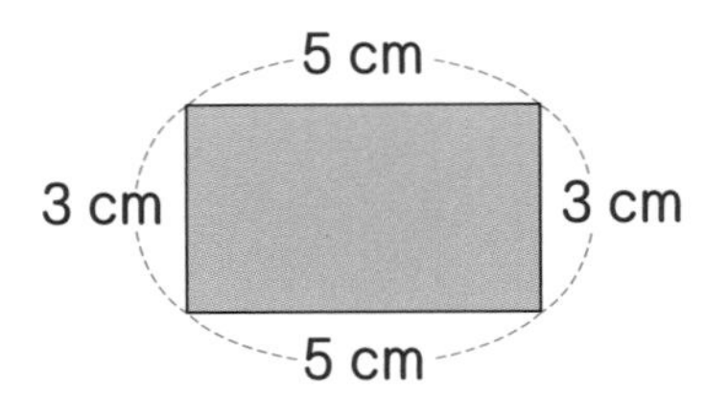

잘라서 만들 수 있는 가장 큰 정사각형의 한 변의 길이는 처음 직사각형의 짧은 변의 길이인 3 cm입니다.

답 3 cm

1 오른쪽 직사각형 모양의 종이를 잘라서 만들 수 있는 가장 큰 정사각형의 한 변의 길이는 몇 cm인가요?

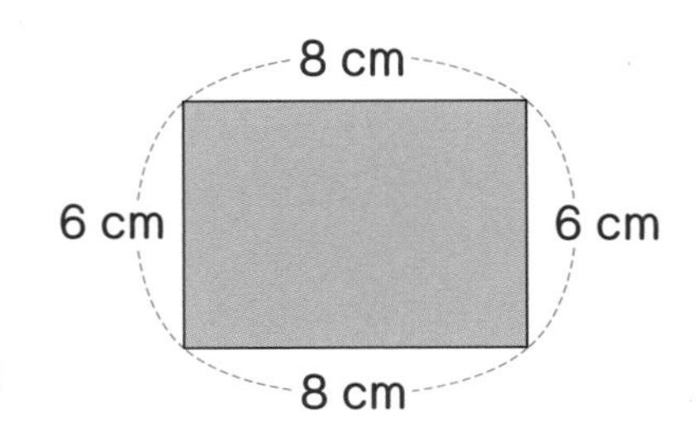

(cm)

2 가로가 10 cm, 세로가 15 cm인 직사각형 모양의 종이를 잘라서 만들 수 있는 가장 큰 정사각형의 한 변의 길이는 몇 cm인가요?

(cm)

왼쪽 1, 2번과 같이 문제의 핵심 부분에 색칠하고,
문제를 풀어 보세요.

정답 8쪽

3 오른쪽 직사각형 모양의 종이를 잘라서 만들 수 있는 가장 큰 정사각형의 한 변의 길이는 몇 cm인가요?

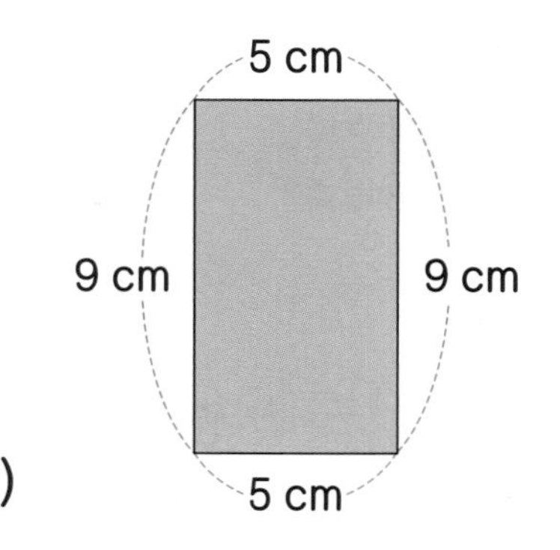

(　　　　　　　　　)

4 오른쪽 직사각형 모양의 종이를 잘라서 만들 수 있는 가장 큰 정사각형의 한 변의 길이는 몇 cm인가요?

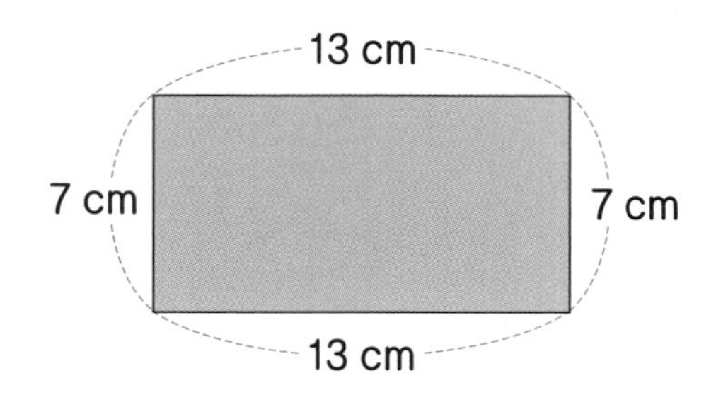

(　　　　　　　　　)

5 가로가 12 cm, 세로가 20 cm인 직사각형 모양의 종이를 잘라서 만들 수 있는 가장 큰 정사각형의 한 변의 길이는 몇 cm인가요?

(　　　　　　　　　)

6 가로가 17 cm, 세로가 14 cm인 직사각형 모양의 종이를 잘라서 만들 수 있는 가장 큰 정사각형의 한 변의 길이는 몇 cm인가요?

(　　　　　　　　　)

7일 정사각형의 네 변의 길이의 합 구하기

이것만 알자

한 변의 길이가 ■인 정사각형의 네 변의 길이의 합

➔ ■+■+■+■

예 한 변의 길이가 5 cm인 정사각형 모양의 딱지가 있습니다. 딱지의 네 변의 길이의 합은 몇 cm인가요?

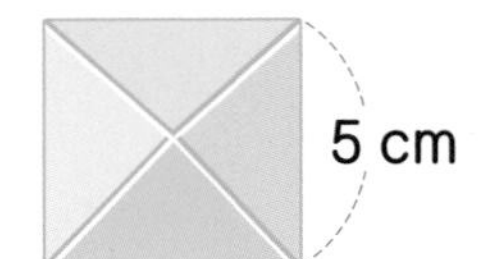

정사각형은 네 변의 길이가 모두 같습니다.

⇨ (딱지의 네 변의 길이의 합) = 5 + 5 + 5 + 5 = 20(cm)

답 20 cm

1 한 변의 길이가 8 cm인 정사각형 모양의 색종이가 있습니다. 색종이의 네 변의 길이의 합은 몇 cm인가요?

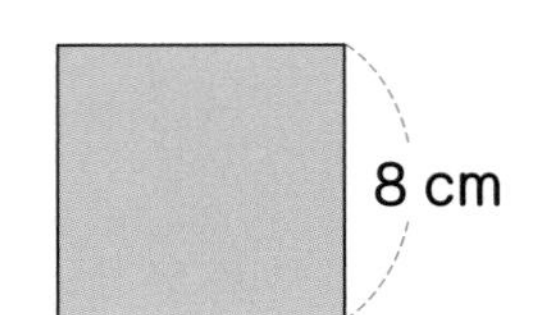

(cm)

2 한 변의 길이가 10 cm인 정사각형의 네 변의 길이의 합은 몇 cm인가요?

(cm)

왼쪽 ①, ②번과 같이 문제의 핵심 부분에 색칠하고, 문제를 풀어 보세요.

정답 8쪽

3 한 변의 길이가 6 cm인 정사각형 모양의 딱지가 있습니다. 딱지의 네 변의 길이의 합은 몇 cm인가요?

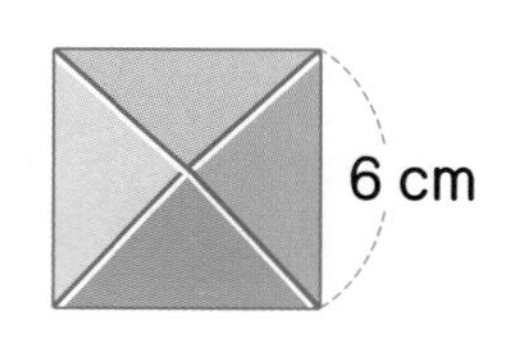

(　　　　　　　　　　)

4 한 변의 길이가 13 cm인 정사각형 모양의 도화지가 있습니다. 도화지의 네 변의 길이의 합은 몇 cm인가요?

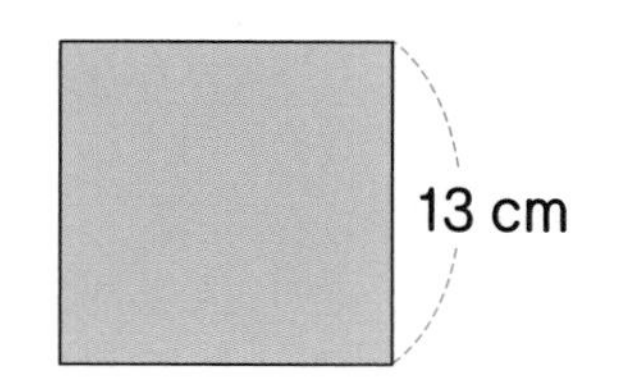

(　　　　　　　　　　)

5 한 변의 길이가 15 cm인 정사각형의 네 변의 길이의 합은 몇 cm인가요?

(　　　　　　　　　　)

6 한 변의 길이가 21 cm인 정사각형의 네 변의 길이의 합은 몇 cm인가요?

(　　　　　　　　　　)

7일

주어진 점을 각의 꼭짓점으로 하는 각의 수 구하기

이것만 알자

점 ㄴ을 각의 꼭짓점으로 하는 각
→ 각 ㄱㄴㄷ, ㄱㄴㄹ, ㄷㄴㄹ…

예 주어진 4개의 점 중에서 3개의 점을 이용하여 각을 그릴 때, 점 ㄴ을 각의 꼭짓점으로 하는 각은 모두 몇 개인가요?

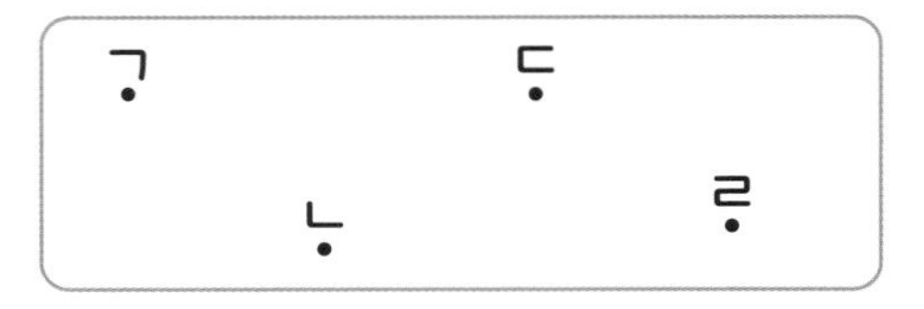

점 ㄴ을 각의 꼭짓점으로 하는 각:

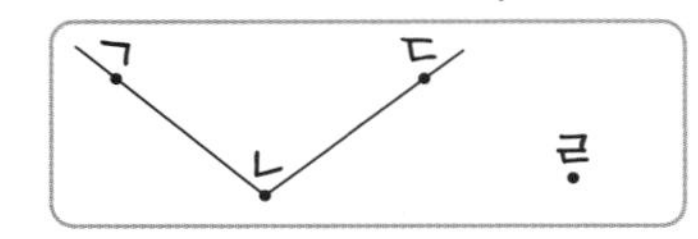

각 ㄱㄴㄷ 또는 각 ㄷㄴㄱ

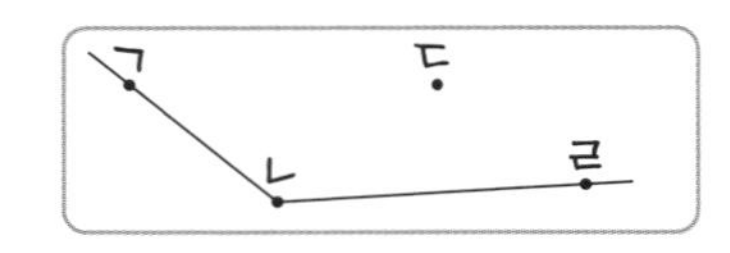

각 ㄱㄴㄹ 또는 각 ㄹㄴㄱ

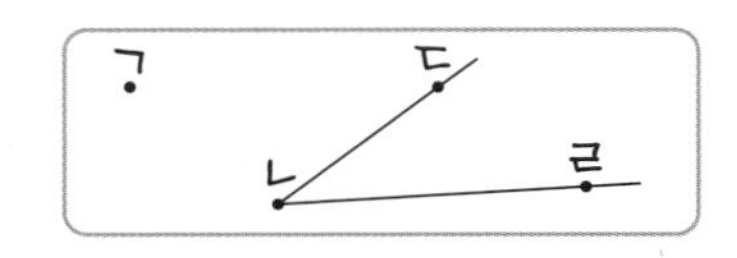

각 ㄷㄴㄹ 또는 각 ㄹㄴㄷ

답 3개

1 주어진 4개의 점 중에서 3개의 점을 이용하여 각을 그릴 때, 점 ㄷ을 각의 꼭짓점으로 하는 각은 모두 몇 개인가요?

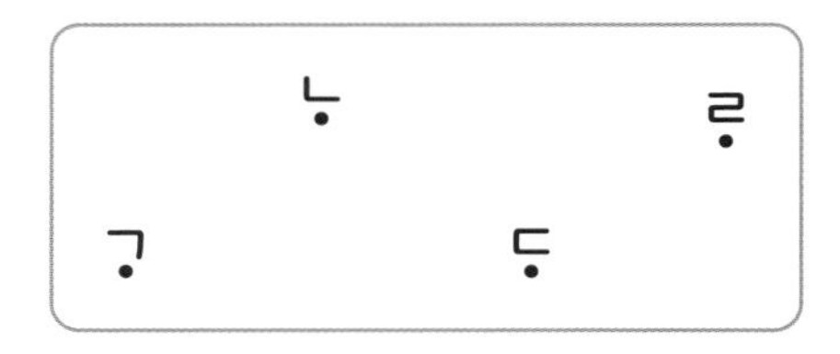

(개)

2 주어진 4개의 점 중에서 3개의 점을 이용하여 각을 그릴 때, 점 ㄱ을 각의 꼭짓점으로 하는 각은 모두 몇 개인가요?

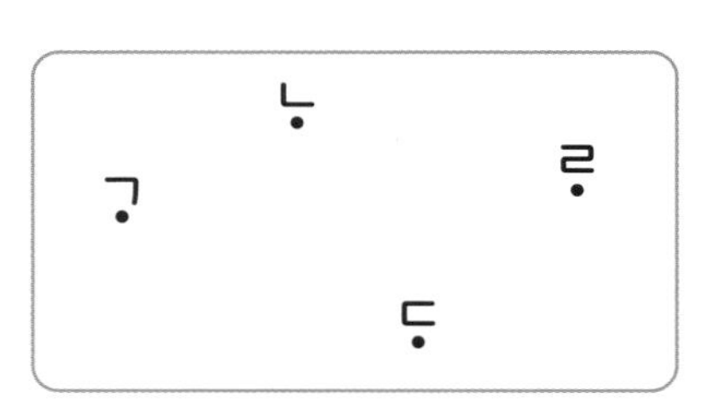

(개)

**왼쪽 ①, ②번과 같이 문제의 핵심 부분에 색칠하고,
문제를 풀어 보세요.**

정답 9쪽

③ 주어진 4개의 점 중에서 3개의 점을 이용하여 각을 그릴 때, 점 ㄹ을 각의 꼭짓점으로 하는 각은 모두 몇 개인가요?

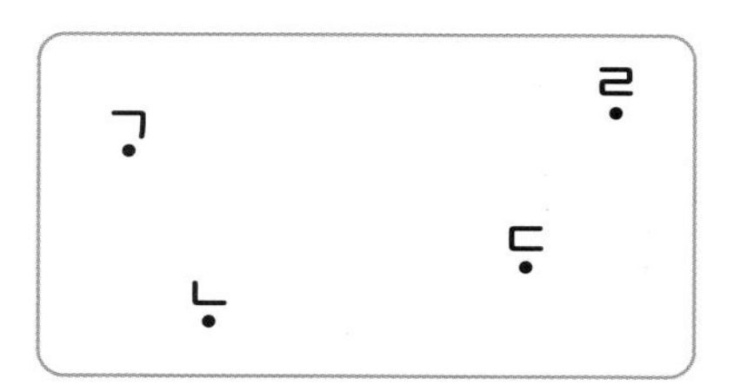

( )

④ 주어진 5개의 점 중에서 3개의 점을 이용하여 각을 그릴 때, 점 ㄷ을 각의 꼭짓점으로 하는 각은 모두 몇 개인가요?

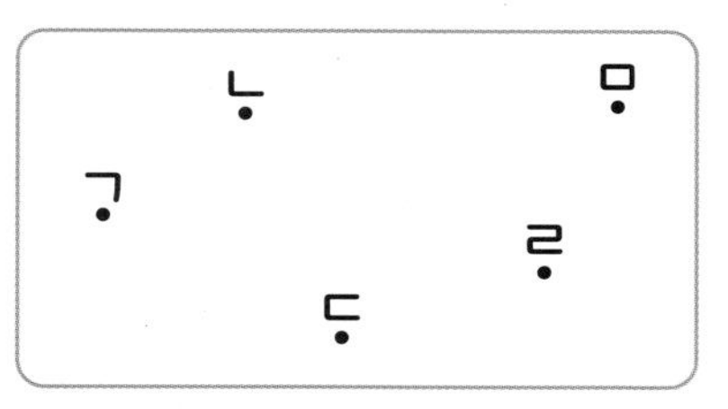

( )

⑤ 주어진 5개의 점 중에서 3개의 점을 이용하여 각을 그릴 때, 점 ㄴ을 각의 꼭짓점으로 하는 각은 모두 몇 개인가요?

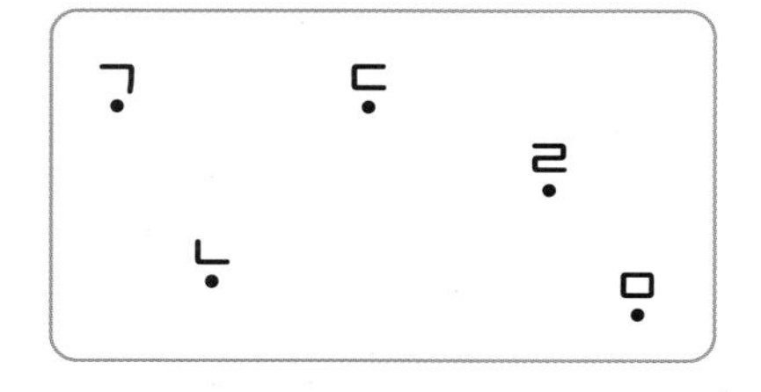

( )

8일 마무리하기

34쪽

1 색종이를 점선을 따라 잘랐을 때 생기는 직각삼각형은 모두 몇 개인가요?

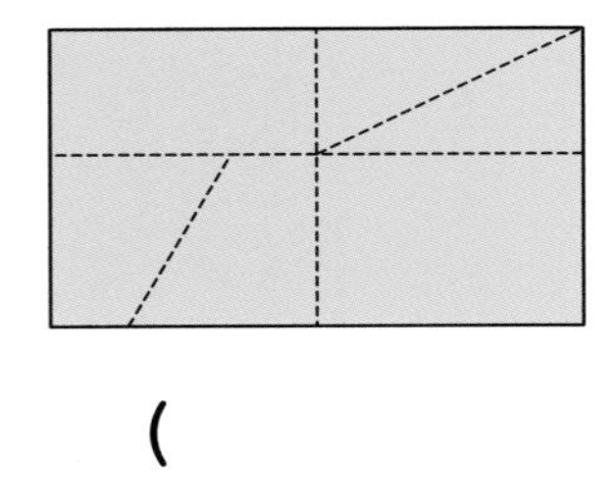

( )

34쪽

2 색종이를 점선을 따라 잘랐을 때 생기는 직사각형은 모두 몇 개인가요?

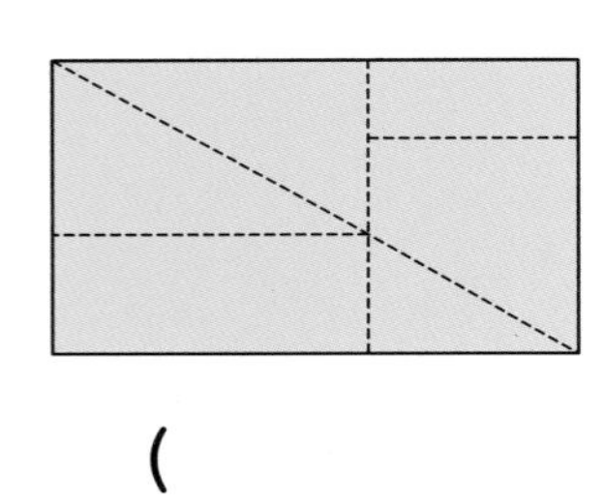

( )

36쪽

3 직사각형 모양의 종이를 잘라서 만들 수 있는 가장 큰 정사각형의 한 변의 길이는 몇 cm인가요?

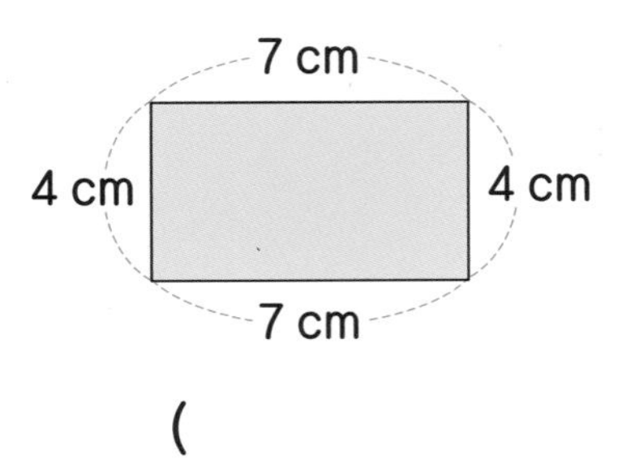

( )

38쪽

4 한 변의 길이가 9 cm인 정사각형 모양의 딱지가 있습니다. 딱지의 네 변의 길이의 합은 몇 cm인가요?

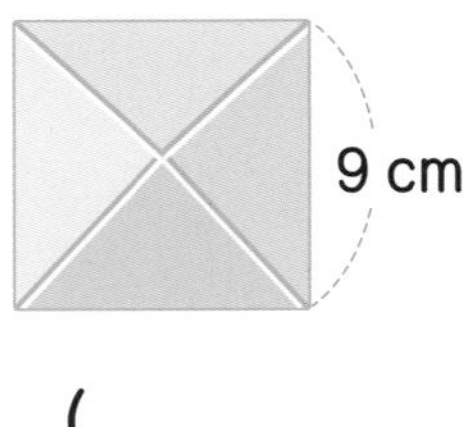

( )

정답 9쪽

36쪽

5 가로가 11 cm, 세로가 16 cm인 직사각형 모양의 종이를 잘라서 만들 수 있는 가장 큰 정사각형의 한 변의 길이는 몇 cm인가요?

( )

38쪽

6 한 변의 길이가 20 cm인 정사각형의 네 변의 길이의 합은 몇 cm인가요?

( )

40쪽

7 주어진 4개의 점 중에서 3개의 점을 이용하여 각을 그릴 때, 점 ㄹ을 각의 꼭짓점으로 하는 각은 모두 몇 개인가요?

ㄷ
ㄴ
ㄱ ㄹ

( )

8 38쪽 도전 문제

다음 정사각형의 네 변의 길이의 합은 48 cm입니다. 이 정사각형의 한 변의 길이는 몇 cm인가요?

❶ 알맞은 말에 ○표 하기

정사각형은 네 변의 길이가 모두 (같습니다, 다릅니다).

❷ 정사각형의 한 변의 길이

→ ( )

3 나눗셈

준비

기본 문제로
문장제 준비하기

9일차

- 똑같이 나누면
  몇 개씩인지 구하기
- 같은 양이 몇 번인지 구하기

10일차

- 숨어 있는 수를 찾아 몫 구하기
- 어떤 수 구하기 (1), (2)

11일차

마무리하기

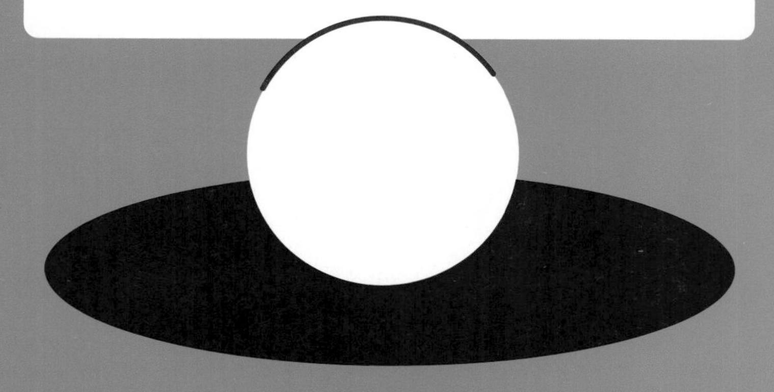

준비 기본 문제로 문장제 준비하기

과일을 3명이 똑같이 나누어 먹으려고 합니다.
한 명이 과일을 몇 개씩 먹을 수 있는지 ☐ 안에 알맞은 수를 써넣으세요.

1

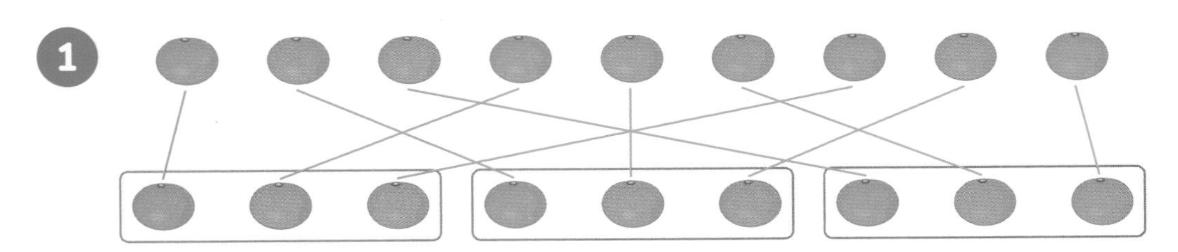

한 명이 귤을 ☐ 개씩 먹을 수 있습니다.

2

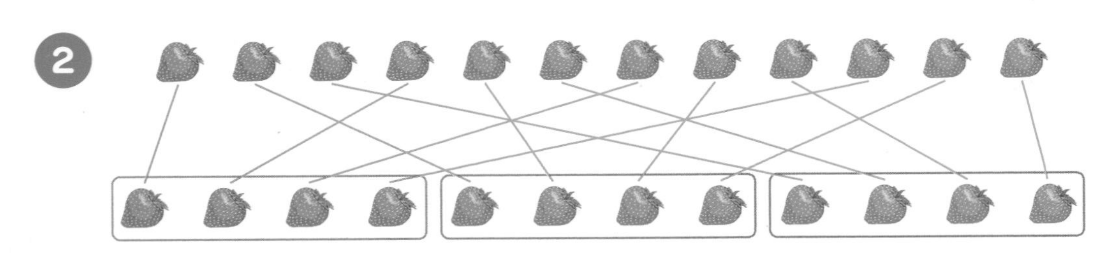

한 명이 딸기를 ☐ 개씩 먹을 수 있습니다.

꽃을 꽃병 한 개에 4송이씩 꽂으려고 합니다.
꽃병은 몇 개 필요한지 ☐ 안에 알맞은 수를 써넣으세요.

3

$8 \div 4 =$ ☐ (개)

4

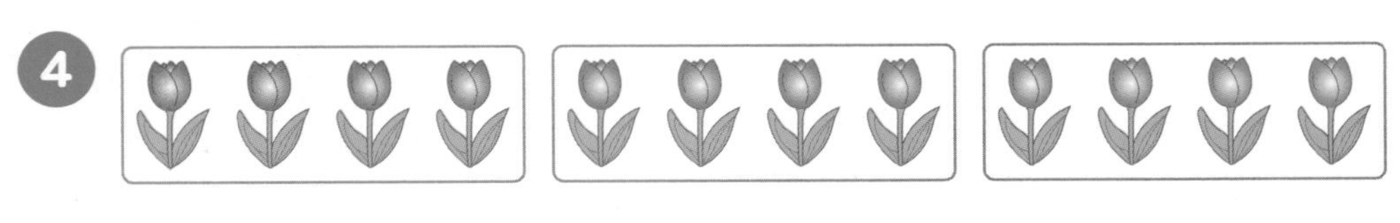

$12 \div 4 =$ ☐ (개)

정답 10쪽

곱셈식을 나눗셈식으로 나타내어 보세요.

5

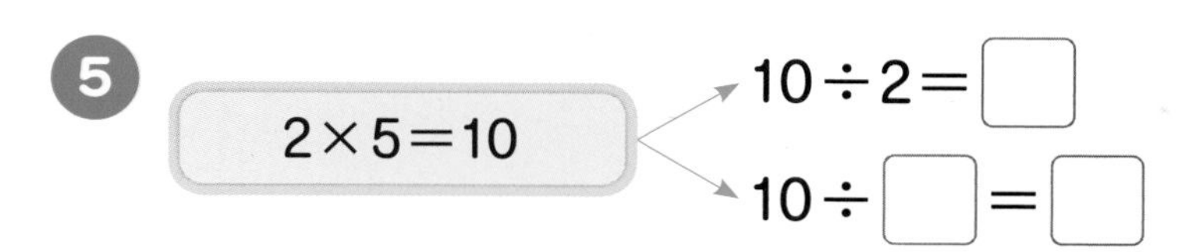

6 4×6=24

- 24÷□=6
- 24÷□=□

7 7×3=21

- 21÷□=□
- □÷3=□

나눗셈식을 곱셈식으로 나타내어 보세요.

8 15÷3=5

- 3×5=□
- 5×□=□

9 32÷8=4

- 8×4=□
- □×8=□

10 63÷7=9

- □×9=□
- □×7=□

9일 똑같이 나누면 몇 개씩인지 구하기

이것만 알자

■를 ▲묶음으로 똑같이 나누기
→ ■÷▲

예 색종이 8장을 4명에게 똑같이 나누어 주려고 합니다.
한 명에게 몇 장씩 줄 수 있을까요?

(한 명에게 줄 수 있는 색종이 수)
= (전체 색종이 수) ÷ (사람 수)

식 $8 \div 4 = 2$ 답 2장

1 자두 12개를 3명이 똑같이 나누어 먹으려고 합니다.
한 명이 자두를 몇 개씩 먹을 수 있을까요?

식 $12 \div 3 = \square$ 답 □개

전체 자두 수 / 사람 수

2 장미 15송이를 꽃병 5개에 똑같이 나누어 꽂으려고 합니다.
꽃병 한 개에 장미를 몇 송이씩 꽂을 수 있을까요?

식 $\square \div \square = \square$ 답 □송이

왼쪽 1, 2번과 같이 문제의 핵심 부분에 색칠하고,
계산해야 하는 두 수에 밑줄을 그어 문제를 풀어 보세요.

정답 10쪽

3 지우개 20개를 필통 4개에 똑같이 나누어 담으려고 합니다.
필통 한 개에 지우개를 몇 개씩 담을 수 있을까요?

식 ______________________ 답 ____________

4 연필 27자루를 9명이 똑같이 나누어 가지려고 합니다.
한 명이 연필을 몇 자루씩 가질 수 있을까요?

식 ______________________ 답 ____________

5 공책 32권을 8명이 똑같이 나누어 가지려고 합니다.
한 명이 공책을 몇 권씩 가질 수 있을까요?

식 ______________________ 답 ____________

6 도화지 48장을 6명이 똑같이 나누어 가지려고 합니다.
한 명이 도화지를 몇 장씩 가질 수 있을까요?

식 ______________________

답 ____________

9일 같은 양이 몇 번인지 구하기

이것만 알자

■를 한 묶음에 ▲씩 나누기
➔ ■÷▲

예 치약 10개를 상자 한 개에 5개씩 담으려고 합니다.
상자는 몇 개 필요한가요?

(필요한 상자 수)
= (전체 치약 수) ÷ (상자 한 개에 담는 치약 수)

식 $10 \div 5 = 2$ 답 2개

1 야구공 14개를 주머니 한 개에 7개씩 담으려고 합니다. 주머니는 몇 개 필요한가요?

식 $14 \div 7 = \square$ 답 $\square$개

전체 야구공 수 / 주머니 한 개에 담는 야구공 수

2 스케치북 16권을 한 명에게 4권씩 주면 몇 명에게 나누어 줄 수 있을까요?

식 $\square \div \square = \square$ 답 $\square$명

왼쪽 ①, ②번과 같이 문제의 핵심 부분에 색칠하고,
계산해야 하는 두 수에 밑줄을 그어 문제를 풀어 보세요.

정답 11쪽

③ 초콜릿 21개를 상자 한 개에 3개씩 담으려고 합니다. 상자는 몇 개 필요한가요?

식 ______________________ 답 ____________

④ 강낭콩 30개를 화분 한 개에 6개씩 심으려고 합니다.
화분은 몇 개 필요한가요?

식 ______________________

답 ____________

⑤ 구슬 45개를 한 명에게 9개씩 주면 몇 명에게 나누어 줄 수 있을까요?

식 ______________________ 답 ____________

⑥ 학생 56명이 있습니다. 한 모둠에 8명씩 모이면 몇 모둠이 될까요?

식 ______________________ 답 ____________

10일 숨어 있는 수를 찾아 몫 구하기

이것만 알자

세발자전거 수 ➔ (전체 바퀴 수)÷3

동물 수 ➔ (전체 다리 수)÷(동물 한 마리의 다리 수)

예 공원에 있는 세발자전거의 바퀴 수를 세어 보니 15개였습니다. 공원에 있는 세발자전거는 몇 대인가요?

(세발자전거 한 대의 바퀴 수: 3개)

(세발자전거 수) = (전체 바퀴 수) ÷ 3

식 15 ÷ 3 = 5

답 5대

길이가 ■인 끈을 남김없이 사용하여 가장 큰 정사각형을 만들었을 때, 만든 정사각형의 한 변의 길이는 ■÷4예요.

1 마당에 있는 닭의 다리 수를 세어 보니 12개였습니다. 마당에 있는 닭은 몇 마리인가요?

(닭 한 마리의 다리 수: 2개)

식 12÷2=☐ (전체 다리 수, 닭 한 마리의 다리 수)

답 ☐마리

2 길이가 24 cm인 끈을 남김없이 사용하여 가장 큰 정사각형을 만들었습니다. 만든 정사각형의 한 변의 길이는 몇 cm인가요?

식 ☐÷☐=☐

답 ☐ cm

왼쪽 ①, ②번과 같이 문제의 핵심 부분에 색칠하고,
문제를 풀어 보세요.

정답 11쪽

③ 자전거 공장에서 세발자전거를 만드는 데 바퀴 27개를 사용하였습니다.
자전거 공장에서 만든 세발자전거는 몇 대인가요?

식

답

④ 동물원에 있는 펭귄의 다리 수를 세어 보니 16개였습니다.
동물원에 있는 펭귄은 몇 마리인가요?

식

답

⑤ 농장에 있는 양의 다리 수를 세어 보니 28개였습니다.
농장에 있는 양은 몇 마리인가요?

식

답

⑥ 길이가 36 cm인 철사를 남김없이 사용하여 가장 큰 정사각형을 만들었습니다.
만든 정사각형의 한 변의 길이는 몇 cm인가요?

식

답

10일 어떤 수 구하기(1)

이것만 알자

어떤 수(□)를 ▲로 나누었더니 몫이 ● ➔ □÷▲=●
곱셈식으로 나타내면 ➔ ●×▲=□

예 어떤 수를 3으로 나누었더니 몫이 8이 되었습니다. 어떤 수는 얼마인가요?

❶ 어떤 수를 □라 하여 나눗셈식을 만듭니다.

□ ÷ 3 = 8

❷ 나눗셈식을 곱셈식으로 나타내어 어떤 수를 구합니다.

□ ÷ 3 = 8 ⇨ 8 × 3 = □, □ = 24

답 24

1 어떤 수를 5로 나누었더니 몫이 7이 되었습니다. 어떤 수는 얼마인가요?

풀이

어떤 수

■÷5=7

⇨ □×5=■, ■=□

답

2 어떤 수를 8로 나누었더니 몫이 5가 되었습니다. 어떤 수는 얼마인가요?

풀이

어떤 수

■÷8=□

⇨ □×8=■, ■=□

답

어떤 수 구하기(2)

정답 12쪽

이것만 알자

▲를 어떤 수(□)로 나누었더니 몫이 ● ➔ ▲÷□=●
다른 나눗셈식으로 나타내면 ➔ ▲÷●=□

예 28을 어떤 수로 나누었더니 몫이 7이 되었습니다. 어떤 수는 얼마인가요?

❶ 어떤 수를 □라 하여 나눗셈식을 만듭니다.

28 ÷ □ = 7

❷ 나눗셈식을 다른 나눗셈식으로 나타내어 어떤 수를 구합니다.

28 ÷ □ = 7 ⇨ 28 ÷ 7 = □, □ = 4

답 4

1 42를 어떤 수로 나누었더니 몫이 6이 되었습니다. 어떤 수는 얼마인가요?

풀이

42 ÷ ■(어떤 수) = 6

⇨ □ ÷ □ = ■, ■ = □

답 ______

2 54를 어떤 수로 나누었더니 몫이 9가 되었습니다. 어떤 수는 얼마인가요?

풀이

54 ÷ ■(어떤 수) = □

⇨ □ ÷ □ = ■, ■ = □

답 ______

공부한 날짜 월 일

11일 마무리하기

48쪽

1. 물고기 9마리를 어항 3개에 똑같이 나누어 넣으려고 합니다. 어항 한 개에 물고기를 몇 마리씩 넣을 수 있을까요?

( )

50쪽

2. 레몬 20개를 바구니 한 개에 5개씩 담으려고 합니다. 바구니는 몇 개 필요한가요?

( )

50쪽

3. 귤 35개를 한 명에게 7개씩 주면 몇 명에게 나누어 줄 수 있을까요?

( )

52쪽

4. 동물원에 있는 타조의 다리 수를 세어 보니 14개였습니다. 동물원에 있는 타조는 몇 마리인가요?

( )

정답 12쪽

52쪽

5 길이가 32 cm인 끈을 남김없이 사용하여 가장 큰 정사각형을 만들었습니다. 만든 정사각형의 한 변의 길이는 몇 cm인가요?

( )

54쪽

6 어떤 수를 9로 나누었더니 몫이 5가 되었습니다. 어떤 수는 얼마인가요?

( )

55쪽

7 72를 어떤 수로 나누었더니 몫이 8이 되었습니다. 어떤 수는 얼마인가요?

( )

8 48쪽

도전 문제

준희네 모둠 6명이 사탕 24개와 초콜릿 36개를 각각 똑같이 나누어 가지려고 합니다. 한 명이 가질 수 있는 사탕과 초콜릿은 각각 몇 개인가요?

❶ 한 명이 가질 수 있는 사탕 수

→ ( )

❷ 한 명이 가질 수 있는 초콜릿 수

→ ( )

4 곱셈

준비

계산으로
문장제 준비하기

12일차

- 몇씩 몇 묶음은 모두 얼마인지 구하기
- 몇 배 한 수 구하기

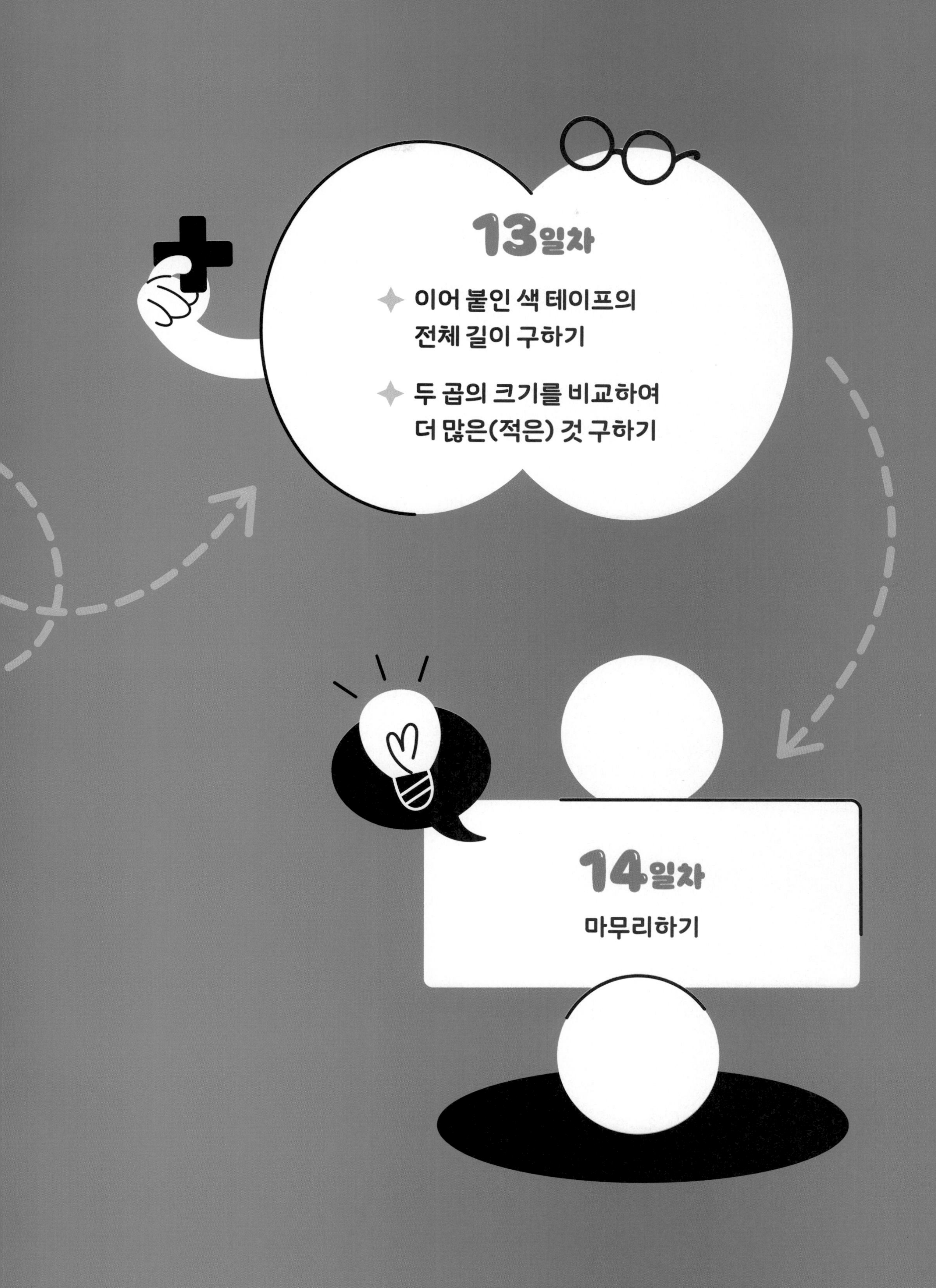
13일차
이어 붙인 색 테이프의
전체 길이 구하기
두 곱의 크기를 비교하여
더 많은(적은) 것 구하기
14일차
마무리하기

준비 계산으로 문장제 준비하기

계산해 보세요.

① $20 \times 4 = 80$

2×4=8에 0을 1개 붙입니다.

② $50 \times 6 =$

③ $21 \times 3 = 63$

일의 자리의 곱은 일의 자리에, 십의 자리의 곱은 십의 자리에 씁니다.

④ $41 \times 2 =$

⑤ $31 \times 5 = 155$

십의 자리에서 올림한 수는 백의 자리에 씁니다.

⑥ $42 \times 3 =$

⑦ $13 \times 4 = 52$ (올림 1)

일의 자리에서 올림한 수는 십의 자리의 곱에 더합니다.

⑧ $27 \times 2 =$

정답 13쪽

⑨ $40 \times 5 =$

⑩ $12 \times 3 =$

⑪ $31 \times 2 =$

⑫ $51 \times 4 =$

⑬ $81 \times 2 =$

⑭ $13 \times 5 =$

⑮ $29 \times 3 =$

⑯ $59 \times 4 =$

⑰ $67 \times 3 =$

⑱ $72 \times 6 =$

공부한 날짜 월 일

12일 몇씩 몇 묶음은 모두 얼마인지 구하기

이것만 알자

한 묶음에 ■씩 ▲묶음은 모두 몇 개?
→ ■×▲

예 달걀이 한 판에 30개씩 있습니다. 4판에 있는 달걀은 모두 몇 개인가요?

(4판에 있는 달걀 수)
= (한 판에 있는 달걀 수) × (판 수)

식 30 × 4 = 120

답 120개

'~씩 ~묶음',
'~씩 들어 있는 묶음이 ~개'와 같은
표현은 곱셈식을 이용해요.

1 물고기가 어항 한 개에 14마리씩 들어 있습니다.
어항 2개에 들어 있는 물고기는 모두 몇 마리인가요?

식 14 × 2 = ☐ 답 ☐마리

어항 한 개에 들어 있는 물고기 수
어항 수

2 클립이 한 상자에 32개씩 들어 있습니다.
4상자에 들어 있는 클립은 모두 몇 개인가요?

식 ☐ × ☐ = ☐ 답 ☐개

왼쪽 1, 2번과 같이 문제의 핵심 부분에 색칠하고,
계산해야 하는 두 수에 밑줄을 그어 문제를 풀어 보세요.

정답 13쪽

3 우표가 한 묶음에 20장씩 들어 있습니다.
3묶음에 들어 있는 우표는 모두 몇 장인가요?

식 ______________________ 답 __________

4 구슬이 한 상자에 15개씩 들어 있습니다.
6상자에 들어 있는 구슬은 모두 몇 개인가요?

식 ______________________ 답 __________

5 동물 관람 버스 한 대에 29명씩 탈 수 있습니다.
버스 5대에는 모두 몇 명이 탈 수 있나요?

식 ______________________

답 __________

6 오렌지주스가 한 줄에 36병씩 7줄로 놓여 있습니다.
오렌지주스는 모두 몇 병인가요?

식 ______________________ 답 __________

12일

몇 배 한 수 구하기

이것만 알자 ■의 ▲배(만큼)는? → ■×▲

예 준수는 붙임 딱지를 21장 가지고 있고, 나연이는 준수의 4배만큼 가지고 있습니다. 나연이가 가지고 있는 붙임 딱지는 몇 장인가요?

(나연이가 가지고 있는 붙임 딱지 수)
= (준수가 가지고 있는 붙임 딱지 수) × 4

식 $21 \times 4 = 84$ 답 84장

1 민지는 책을 13권 읽었고, 현우는 민지의 2배만큼 책을 읽었습니다. 현우가 읽은 책은 몇 권인가요?

식 $13 \times 2 = \square$ 답 □권

민지가 읽은 책 수

2 민수 누나의 나이는 14살입니다. 민수 아버지의 나이는 민수 누나의 나이의 3배입니다. 민수 아버지의 나이는 몇 살인가요?

식 $\square \times \square = \square$ 답 □살

왼쪽 1, 2번과 같이 문제의 핵심 부분에 색칠하고,
계산해야 하는 두 수에 밑줄을 그어 문제를 풀어 보세요.

정답 14쪽

3 서진이는 만두를 27개 만들었고, 민재는 서진이가 만든 만두의 수의 5배만큼 만들었습니다. 민재가 만든 만두는 몇 개인가요?

식 ______________________ 답 __________

4 세로가 41 m인 직사각형 모양의 텃밭이 있습니다.
이 텃밭의 가로가 세로의 3배일 때, 가로는 몇 m인가요?

식 ______________________ 답 __________

5 학교에서 이번 달 급식 시간에 줄 사과를 85개 샀습니다. 다음 달에는 이번 달에 산 사과 수의 2배만큼을 사려고 합니다. 다음 달에는 사과를 몇 개 사야 할까요?

식 ______________________ 답 __________

6 현지는 줄넘기를 76회 했습니다.
윤호는 현지가 한 줄넘기 횟수의 4배만큼 했습니다.
윤호가 한 줄넘기 횟수는 몇 회인가요?

식 ______________________

답 __________

13일 이어 붙인 색 테이프의 전체 길이 구하기

이것만 알자

겹치지 않게 이어 붙인 색 테이프의 전체 길이
➔ (색 테이프 한 장의 길이)×(도막 수)

예 길이가 16 cm인 색 테이프 3장을 겹치지 않게 이어 붙였습니다. 이어 붙인 색 테이프의 전체 길이는 몇 cm인가요?

16 cm

(이어 붙인 색 테이프의 전체 길이)
= (색 테이프 한 장의 길이) × (도막 수)

식 $16 \times 3 = 48$ 답 48 cm

1 길이가 23 cm인 색 테이프 4장을 겹치지 않게 이어 붙였습니다. 이어 붙인 색 테이프의 전체 길이는 몇 cm인가요?

23 cm

식 $23 \times 4 = \square$ 답 $\square$ cm

색 테이프 한 장의 길이 / 도막 수

2 길이가 34 cm인 밧줄 5개를 겹치지 않게 한 줄로 길게 이어 붙였습니다. 이어 붙인 밧줄의 전체 길이는 몇 cm인가요?

식 $\square \times \square = \square$ 답 $\square$ cm

왼쪽 ①, ②번과 같이 문제의 핵심 부분에 색칠하고, 계산해야 하는 두 수에 밑줄을 그어 문제를 풀어 보세요.

정답 14쪽

③ 길이가 17 cm인 색 테이프 4장을 겹치지 않게 이어 붙였습니다. 이어 붙인 색 테이프의 전체 길이는 몇 cm인가요?

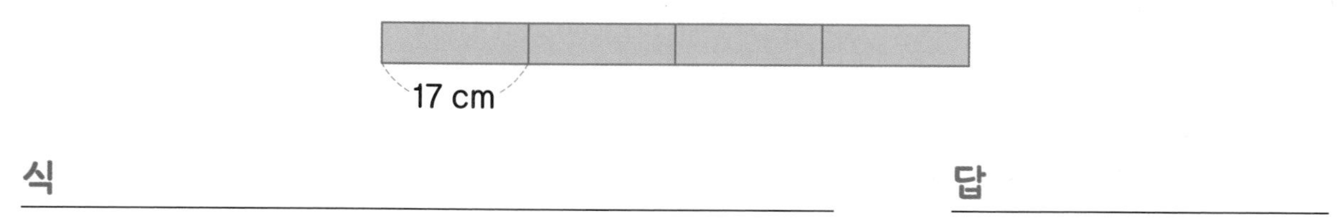

식 ______________________ 답 ____________

④ 길이가 26 cm인 나무 막대 6개를 겹치지 않게 이어 붙였습니다. 이어 붙인 나무 막대의 전체 길이는 몇 cm인가요?

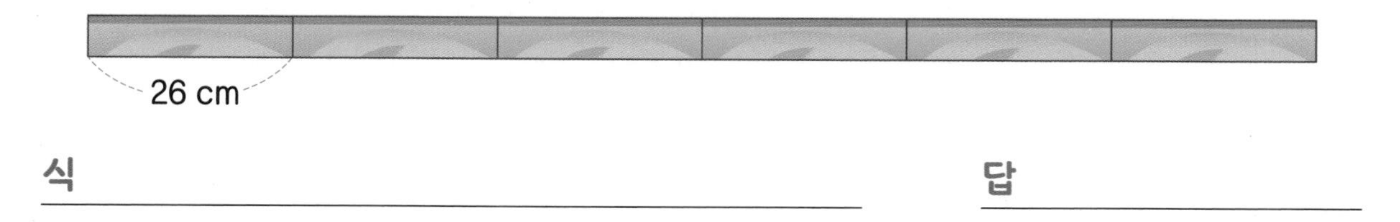

식 ______________________ 답 ____________

⑤ 길이가 22 cm인 끈 8개를 겹치지 않게 한 줄로 길게 이어 붙였습니다. 이어 붙인 끈의 전체 길이는 몇 cm인가요?

식 ______________________ 답 ____________

⑥ 길이가 35 cm인 쇠막대 9개를 겹치지 않게 한 줄로 길게 이어 붙였습니다. 이어 붙인 쇠막대의 전체 길이는 몇 cm인가요?

식 ______________________ 답 ____________

13일

두 곱의 크기를 비교하여 더 많은(적은) 것 구하기

이것만 알자

15씩 3묶음과 24씩 2묶음 중에서 더 많은 것은?

➜ 15×3과 24×2 중에서 더 큰 수 구하기

예 과일 가게에 배는 15개씩 3상자 있고, 사과는 24개씩 2상자 있습니다. 더 많은 과일은 무엇인가요?

(배의 수) = 15 × 3 = 45(개)

(사과의 수) = 24 × 2 = 48(개)

⇨ 45 < 48이므로 더 많은 과일은 사과입니다.

답 사과

더 적은 것을 구할 때는 두 곱을 비교하여 더 작은 수를 구해요.

1 선재와 도희는 밭에서 캔 고구마를 각각 상자에 담았습니다. 상자에 담은 고구마 수가 더 적은 사람은 누구인가요?

한 상자에 26개씩 4상자에 담았어.

선재

도희

한 상자에 31개씩 3상자에 담았어.

풀이

(선재가 담은 고구마 수)＝26×4＝☐(개)

(도희가 담은 고구마 수)＝31×3＝☐(개)

⇨ ☐ ＞ ☐이므로 상자에 담은 고구마 수가 더 적은 사람은 ☐입니다.

답 ☐

왼쪽 1번과 같이 문제의 핵심 부분에 색칠하고,
계산해야 하는 수들에 밑줄을 그어 문제를 풀어 보세요.

정답 15쪽

2 진수는 책을 하루에 42쪽씩 3일 동안 읽었고, 성희는 하루에 31쪽씩 4일 동안 읽었습니다. 책을 더 많이 읽은 사람은 누구인가요?

풀이

답

3 지후와 상미는 감자 캐기 체험을 했습니다. 감자를 더 많이 캔 사람은 누구인가요?

한 바구니에 37개씩 6바구니 캤어.

지후

상미

한 바구니에 41개씩 7바구니 캤어.

풀이

답

4 세미는 윗몸 말아 올리기를 매일 19회씩 7일 동안 했고, 연수는 매일 15회씩 8일 동안 했습니다. 윗몸 말아 올리기를 더 적게 한 사람은 누구인가요?

풀이

답

공부한 날짜 월 일

14일 마무리하기

62쪽

1 떡이 한 상자에 20개씩 들어 있습니다. 5상자에 들어 있는 떡은 모두 몇 개인가요?

( )

64쪽

2 교실에 가위가 12개 있고, 지우개는 가위 수의 2배만큼 있습니다. 교실에 있는 지우개는 몇 개인가요?

( )

64쪽

3 세로가 45 m인 직사각형 모양의 텃밭이 있습니다. 이 텃밭의 가로가 세로의 3배일 때, 가로는 몇 m인가요?

( )

62쪽

4 어느 실내 주차장에는 자동차를 한 층에 64대씩 주차할 수 있습니다. 4개 층에 주차할 수 있는 자동차는 모두 몇 대인가요?

( )

정답 15쪽

66쪽

5 길이가 38 cm인 끈 6개를 겹치지 않게 한 줄로 길게 이어 붙였습니다. 이어 붙인 끈의 전체 길이는 몇 cm인가요?

( )

68쪽

6 체육관에 축구공은 29개씩 3상자 있고, 야구공은 43개씩 2상자 있습니다. 더 많은 공은 무엇인가요?

( )

68쪽

7 영미는 구슬을 71개씩 3봉지 가지고 있고, 준수는 56개씩 4봉지 가지고 있습니다. 구슬을 더 적게 가지고 있는 사람은 누구인가요?

( )

8 68쪽 **도전 문제**

명희는 줄넘기를 매일 65회씩 7일 동안 했고, 은수는 매일 82회씩 5일 동안 했습니다. 줄넘기를 누가 몇 회 더 많이 했나요?

❶ 명희가 한 줄넘기 횟수

→ ( )

❷ 은수가 한 줄넘기 횟수

→ ( )

❸ □ 안에 알맞은 수나 말 써넣기

줄넘기를 □가 □회 더 많이 했습니다.

5 길이와 시간

준비

계산으로
문장제 준비하기

15일차

- 길이의 합 구하기
- 길이의 차 구하기

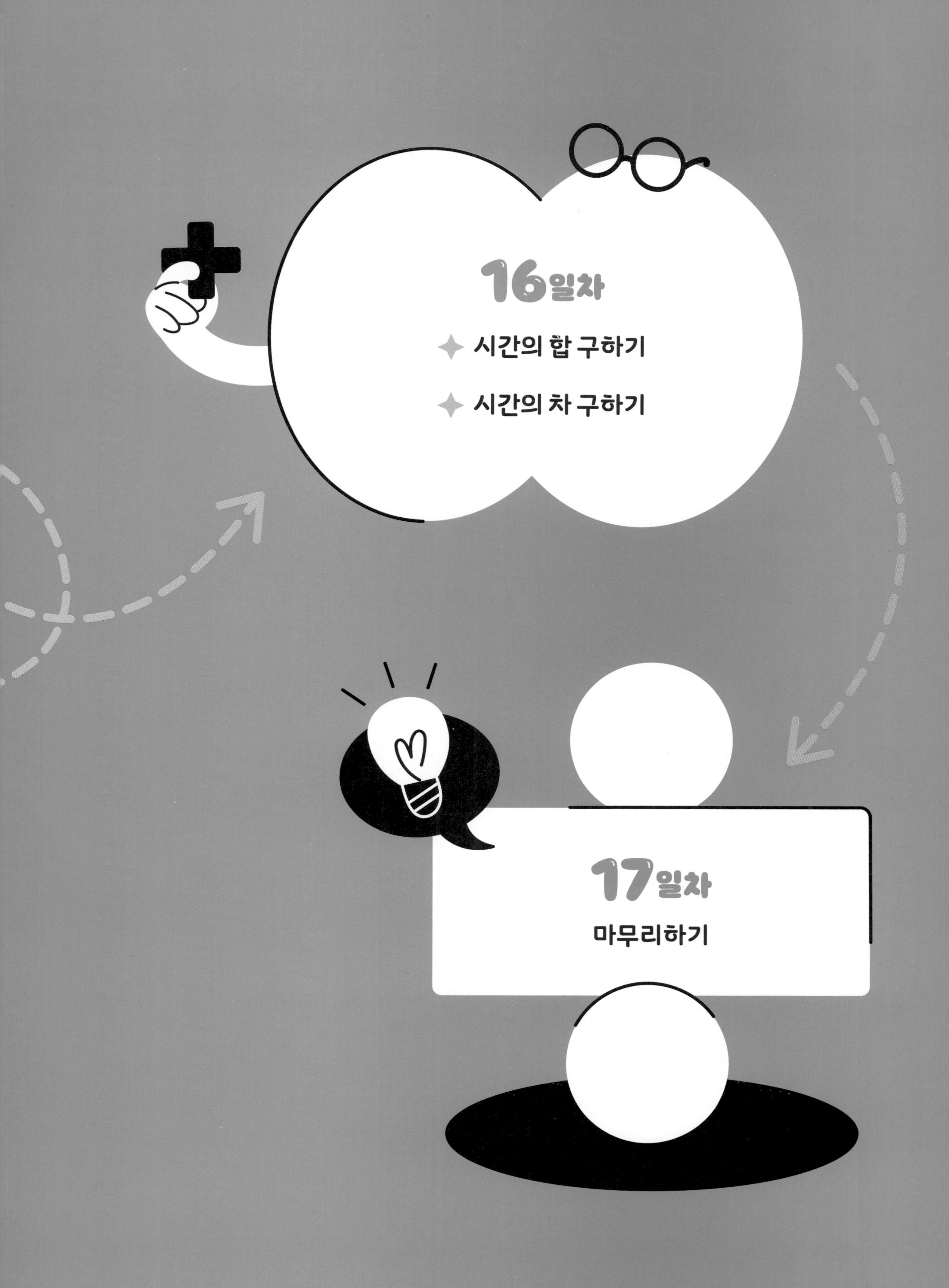
16일차
시간의 합 구하기
시간의 차 구하기
17일차
마무리하기

계산해 보세요.

1
	2 cm	5 mm
+	1 cm	4 mm
	3 cm	9 mm

cm는 cm끼리, mm는 mm끼리 계산합니다.

2
	3 cm	8 mm
+	2 cm	7 mm

3
	4 cm	3 mm
−	1 cm	1 mm

4
	5 cm	2 mm
−	2 cm	5 mm

5
	3 km	230 m
+	1 km	550 m
	4 km	780 m

km는 km끼리, m는 m끼리 계산합니다.

6
	1 km	620 m
+	3 km	680 m

7
	5 km	450 m
−	2 km	350 m

8
	6 km	160 m
−	3 km	800 m

정답 16쪽

9

	1시간	10분	40초
+	1시간	20분	10초
	2시간	30분	50초

시는 시끼리, 분은 분끼리,
초는 초끼리 계산합니다.

10

(시간)+(시간)=(시간)

	3시간	50분	23초
+	1시간	22분	52초

11

(시각)+(시간)=(시각)

	2시	43분	19초
+	4시간	11분	48초

12

	5시	35분	55초
+	3시간	34분	20초

13

(시간)−(시간)=(시간)

	2시간	50분	27초
−	1시간	35분	10초

14

	4시간	14분	52초
−	1시간	40분	30초

15

(시각)−(시간)=(시각)

	5시	21분	36초
−	3시간	19분	54초

16

(시각)−(시각)=(시간)

	7시	29분	22초
−	2시	57분	40초

15일 길이의 합 구하기

이것만 알자

길이의 합은? → 두 길이를 더하기

예 연필의 길이는 8 cm 7 mm이고, 볼펜의 길이는 9 cm 1 mm입니다.
연필과 볼펜의 길이의 합은 몇 cm 몇 mm인가요?

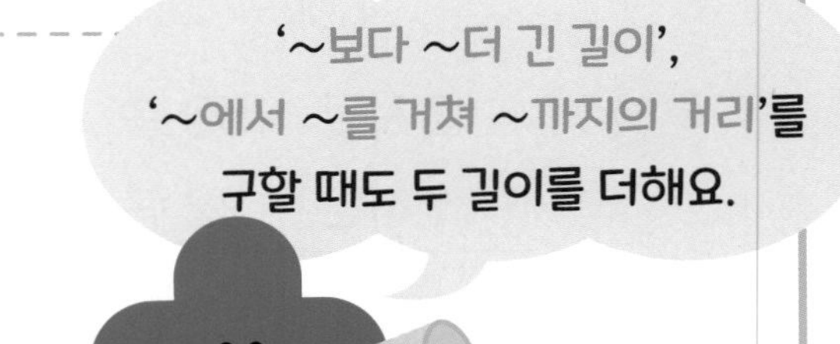

'~보다 ~더 긴 길이',
'~에서 ~를 거쳐 ~까지의 거리'를
구할 때도 두 길이를 더해요.

(연필과 볼펜의 길이의 합)
= (연필의 길이) + (볼펜의 길이)

식 8 cm 7 mm + 9 cm 1 mm = 17 cm 8 mm

답 17 cm 8 mm

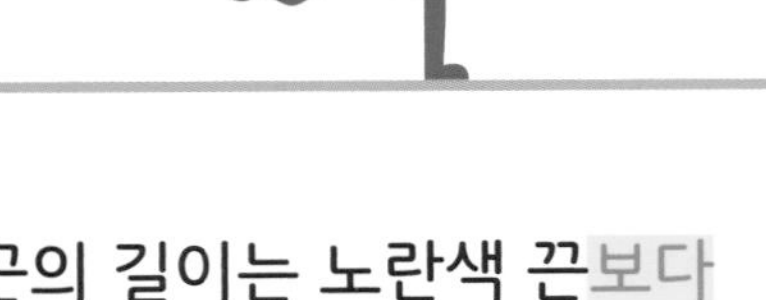

1 노란색 끈의 길이는 6 cm 4 mm이고, 보라색 끈의 길이는 노란색 끈보다 3 cm 8 mm 더 깁니다. 보라색 끈의 길이는 몇 cm 몇 mm인가요?

식 6 cm 4 mm + 3 cm 8 mm = ☐ cm ☐ mm

노란색 끈의 길이

답 ☐ cm ☐ mm

2 집에서 학교까지의 거리는 1 km 350 m이고, 학교에서 소방서까지의 거리는 2 km 560 m입니다. 집에서 학교를 거쳐 소방서까지의 거리는 몇 km 몇 m인가요?

식 1 km 350 m + 2 km 560 m = ☐ km ☐ m

집에서 학교까지의 거리 / 학교에서 소방서까지의 거리

답 ☐ km ☐ m

왼쪽 ①, ②번과 같이 문제의 핵심 부분에 색칠하고,
계산해야 하는 두 길이에 밑줄을 그어 문제를 풀어 보세요.

정답 16쪽

③ 크레파스의 길이는 4 cm 5 mm이고, 물감의 길이는 5 cm 6 mm입니다. 크레파스와 물감의 길이의 합은 몇 cm 몇 mm인가요?

식 ______________________

답 ____________

④ 공책의 가로는 12 cm 3 mm이고, 세로는 가로보다 7 cm 9 mm 더 깁니다. 공책의 세로는 몇 cm 몇 mm인가요?

식 ______________________

답 ____________

⑤ 은행에서 병원까지의 거리는 2 km 720 m이고, 병원에서 극장까지의 거리는 3 km 490 m입니다. 은행에서 병원을 거쳐 극장까지의 거리는 몇 km 몇 m 인가요?

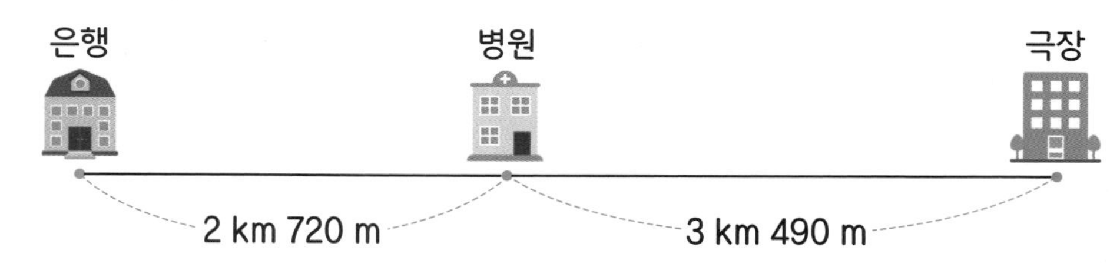

식 ______________________

답 ____________

15일 길이의 차 구하기

이것만 알자

~보다 몇 cm 몇 mm 더
➔ 두 길이의 차 구하기

예 클립의 길이는 3 cm 2 mm이고, 지우개의 길이는 5 cm 6 mm입니다.
지우개는 클립보다 몇 cm 몇 mm 더 긴가요?

(클립과 지우개의 길이의 차)
= (지우개의 길이) − (클립의 길이)

식 5 cm 6 mm − 3 cm 2 mm = 2 cm 4 mm

답 2 cm 4 mm

'전체 거리에서 ~만큼 갔을 때 남은 거리'를 구할 때도 길이의 차를 이용해요.

1 철사를 송주는 10 cm 5 mm 가지고 있고, 혜성이는 7 cm 9 mm 가지고 있습니다. 송주는 혜성이보다 철사를 몇 cm 몇 mm 더 가지고 있나요?

식 10 cm 5 mm − 7 cm 9 mm = □ cm □ mm

송주가 가지고 있는 철사의 길이 / 혜성이가 가지고 있는 철사의 길이

답 □ cm □ mm

2 주영이는 집에서 15 km 120 m 떨어진 미술관에 가고 있습니다.
버스를 타고 13 km 470 m만큼 갔을 때, 남은 거리는 몇 km 몇 m인가요?

식 15 km 120 m − 13 km 470 m = □ km □ m

집에서 미술관까지의 거리 / 버스를 타고 간 거리

답 □ km □ m

왼쪽 ①, ②번과 같이 문제의 핵심 부분에 색칠하고,
계산해야 하는 두 길이에 밑줄을 그어 문제를 풀어 보세요.

정답 17쪽

③ 빨간색 털실의 길이는 15 cm 1 mm이고, 초록색 털실의 길이는 10 cm 4 mm 입니다. 빨간색 털실은 초록색 털실보다 몇 cm 몇 mm 더 긴가요?

식

답

④ 혜진이는 집에서 6 km 390 m 떨어진 수영장에 가고 있습니다. 자전거를 타고 4 km 850 m만큼 갔을 때, 남은 거리는 몇 km 몇 m인가요?

식

답

⑤ 학교에서 상점까지의 거리는 5 km 630 m이고, 상점에서 우체국까지의 거리는 7 km 250 m입니다. 상점에서 우체국까지의 거리는 학교에서 상점까지의 거리보다 몇 km 몇 m 더 먼가요?

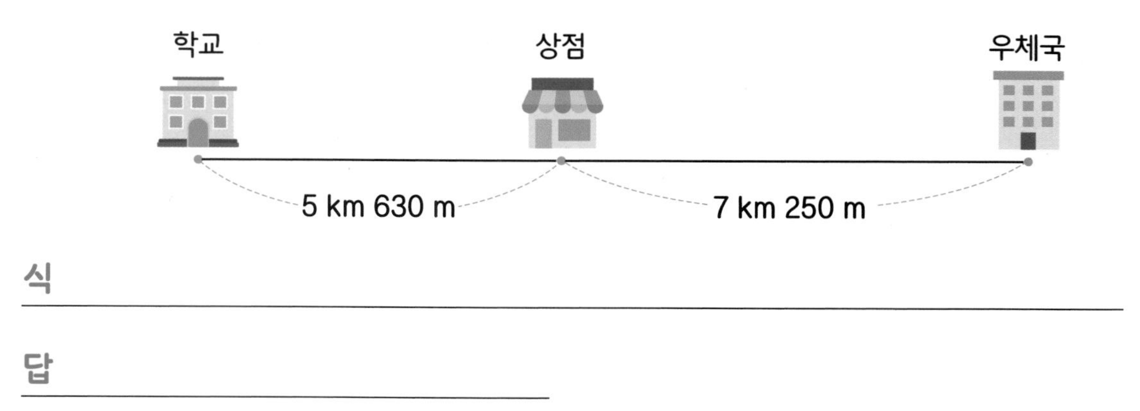

식

답

공부한 날짜 월 일

16일 시간의 합 구하기

이것만 알자

모두 몇 시간 몇 분인가?
→ 두 시간의 합 구하기

예 민준이는 책을 오전에 1시간 20분 동안 읽고, 오후에 1시간 15분 동안 읽었습니다. 민준이가 오늘 책을 읽은 시간은 모두 몇 시간 몇 분인가요?

(오늘 책을 읽은 시간)
= (오전에 책을 읽은 시간) + (오후에 책을 읽은 시간)

식 1시간 20분 + 1시간 15분 = 2시간 35분

답 2시간 35분

시작한 시각을 알 때, '몇 분 몇 초 후 끝난 시각'을 구할 때도 시간의 합을 이용해요.

1 수인이는 가상 체험관에서 25분 54초 동안 우주 체험을 하고, 30분 12초 동안 바닷속 체험을 했습니다. 수인이가 우주 체험과 바닷속 체험을 한 시간은 모두 몇 분 몇 초인가요?

식 25분 54초 + 30분 12초 = ☐분 ☐초
(우주 체험을 한 시간, 바닷속 체험을 한 시간)

답 ☐분 ☐초

2 음악회가 4시 35분 20초에 시작하여 2시간 17분 45초 후에 끝났습니다. 음악회가 끝난 시각은 몇 시 몇 분 몇 초인가요?

식 4시 35분 20초 + 2시간 17분 45초 = ☐시 ☐분 ☐초
(음악회가 시작된 시각, 음악회가 진행된 시간)

답 ☐시 ☐분 ☐초

왼쪽 1, 2번과 같이 문제의 핵심 부분에 색칠하고,
계산해야 하는 두 시간 또는 시각에 밑줄을 그어 문제를 풀어 보세요.

정답 17쪽

3 시은이는 국어 공부를 1시간 50분 동안 했고, 수학 공부를 2시간 16분 동안 했습니다. 시은이가 국어와 수학 공부를 한 시간은 모두 몇 시간 몇 분인가요?

식

답

4 수빈이와 친구들은 3시 45분부터 1시간 27분 동안 축구를 했습니다.
축구를 마친 시각은 몇 시 몇 분인가요?

식

답

5 현진이는 5시 29분 50초부터 1시간 14분 38초 동안 운동을 했습니다.
현진이가 운동을 끝낸 시각은 몇 시 몇 분 몇 초인가요?

식

답

16일 시간의 차 구하기

이것만 알자

시작한 시각과 끝난 시각을 알 때, 걸린 시간은?
→ 두 시간의 차 구하기

예 시원이는 미술관 관람을 1시 25분에 시작하여 3시 30분에 마쳤습니다. 시원이가 미술관 관람을 하는 데 걸린 시간은 몇 시간 몇 분인가요?

(관람을 하는 데 걸린 시간)
= (관람을 마친 시각) − (관람을 시작한 시각)

식 3시 30분 − 1시 25분 = 2시간 5분

답 2시간 5분

걸린 시간과 끝난 시각을 알 때, '시작한 시각'을 구할 때도 시간의 차를 이용해요.

1 수훈이는 리코더 연습을 3시 40분 26초에 시작하여 4시 17분 49초에 끝냈습니다. 수훈이가 리코더 연습을 하는 데 걸린 시간은 몇 분 몇 초인가요?

식 4시 17분 49초 − 3시 40분 26초 = ☐분 ☐초

리코더 연습을 끝낸 시각 / 리코더 연습을 시작한 시각

답 ☐분 ☐초

2 선준이가 영화를 1시간 52분 14초 동안 봤더니 5시 30분 23초가 되었습니다. 선준이가 영화를 보기 시작한 시각은 몇 시 몇 분 몇 초인가요?

식 5시 30분 23초 − 1시간 52분 14초 = ☐시 ☐분 ☐초

영화가 끝난 시각 / 영화를 보는 데 걸린 시간

답 ☐시 ☐분 ☐초

왼쪽 ①, ②번과 같이 문제의 핵심 부분에 색칠하고,
계산해야 하는 두 시간 또는 시각에 밑줄을 그어 문제를 풀어 보세요.

정답 18쪽

③ 은주는 청소를 9시 27분에 시작하여 10시 16분에 끝냈습니다.
은주가 청소를 하는 데 걸린 시간은 몇 분인가요?

식

답

④ 영민이가 탄 버스는 터미널에서 2시 49분 24초에 출발하여 목적지에
4시 37분 33초에 도착했습니다. 영민이가 버스를 타고 목적지까지 가는 데
걸린 시간은 몇 시간 몇 분 몇 초인가요?

식

답

⑤ 진우가 2분 55초 동안 양치질을 하고 시계를 보니
6시 40분 19초였습니다.
진우가 양치질을 시작한 시각은 몇 시 몇 분 몇 초인가요?

식

답

공부한 날짜 월 일

17일 마무리하기

76쪽

1 철사의 길이는 14 cm 3 mm이고, 빨대의 길이는 철사보다 2 cm 6 mm 더 깁니다. 빨대의 길이는 몇 cm 몇 mm인가요?

(   )

76쪽

2 집에서 우체국까지의 거리는 2 km 780 m이고, 우체국에서 서점까지의 거리는 1 km 540 m입니다. 집에서 우체국을 거쳐 서점까지의 거리는 몇 km 몇 m인가요?

(   )

78쪽

3 색 테이프를 명주는 9 cm 7 mm 가지고 있고, 선유는 11 cm 2 mm 가지고 있습니다. 선유는 명주보다 색 테이프를 몇 cm 몇 mm 더 가지고 있나요?

(   )

78쪽

4 재영이는 집에서 10 km 240 m 떨어진 박물관에 가고 있습니다. 버스를 타고 8 km 670 m만큼 갔을 때, 남은 거리는 몇 km 몇 m인가요?

(   )

정답 18쪽

80쪽

5 현우는 과학 공부를 2시간 10분 동안 했고, 사회 공부를 1시간 55분 동안 했습니다. 현우가 과학과 사회 공부를 한 시간은 모두 몇 시간 몇 분인가요?

( )

82쪽

6 성아는 발레 연습을 4시 35분 48초에 시작하여 6시 14분 32초에 끝냈습니다. 성아가 발레 연습을 하는 데 걸린 시간은 몇 시간 몇 분 몇 초인가요?

( )

82쪽

7 준형이가 독서를 1시간 43분 27초 동안 했더니 5시 20분 36초가 되었습니다. 준형이가 독서를 시작한 시각은 몇 시 몇 분 몇 초인가요?

( )

8 80쪽 **도전 문제**

세빈이는 10시부터 동요를 듣고, 바로 이어서 가요를 들었습니다. 가요가 끝난 시각은 몇 시 몇 분 몇 초인가요?

음악	재생 시간
동요	3분 38초
가요	5분 14초

❶ 동요가 끝난 시각

→ ( )

❷ 가요가 끝난 시각

→ ( )

6 분수와 소수

준비

기본 문제로
문장제 준비하기

18일차

- 전체의 얼마인지
  분수로 나타내기
- 전체의 부분만큼은
  몇인지 구하기

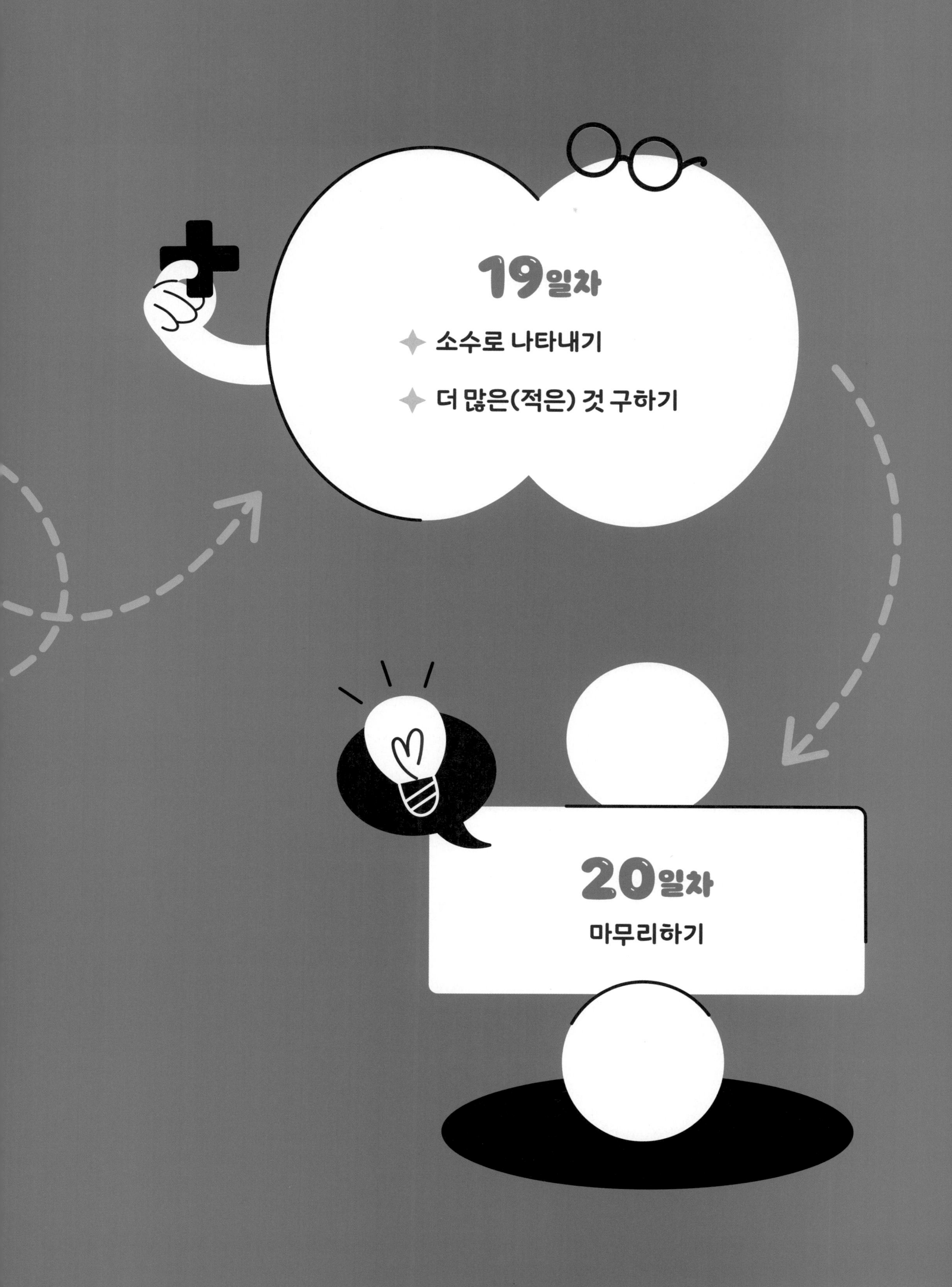
19일차
소수로 나타내기
더 많은(적은) 것 구하기
20일차
마무리하기

준비 기본 문제로 문장제 준비하기

색칠한 부분은 전체의 얼마인지 분수로 나타내어 보세요.

1

(　　　　　　　　　　)

3

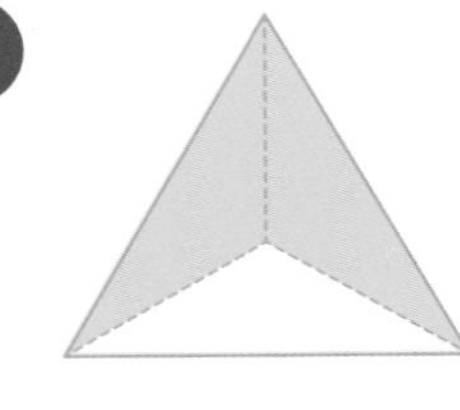

(　　　　　　　　　　)

2

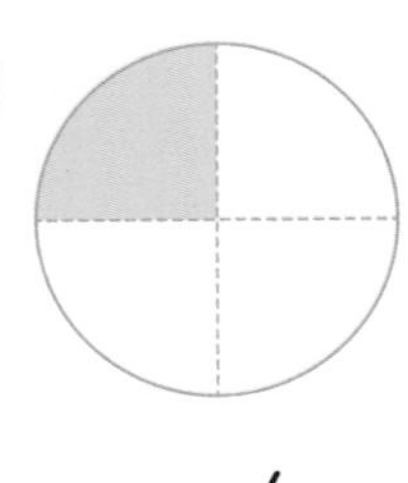

(　　　　　　　　　　)

4

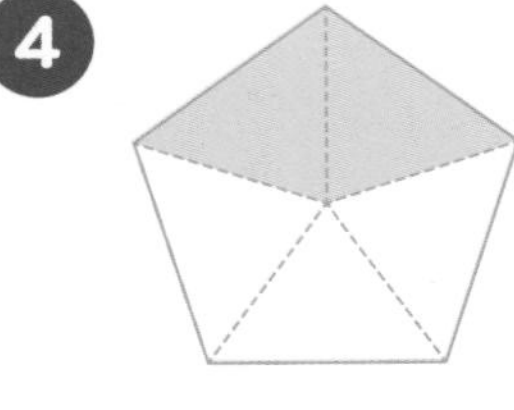

(　　　　　　　　　　)

두 분수의 크기를 비교하여 ◯ 안에 >, =, <를 알맞게 써넣으세요.

5 $\frac{4}{5}$ ◯ $\frac{2}{5}$

6 $\frac{5}{9}$ ◯ $\frac{7}{9}$

7 $\frac{1}{2}$ ◯ $\frac{1}{3}$

8 $\frac{1}{7}$ ◯ $\frac{1}{6}$

정답 19쪽

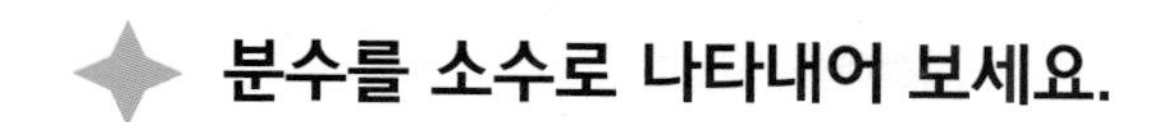

분수를 소수로 나타내어 보세요.

❾ $\frac{1}{10}=\square$

⓫ $\frac{7}{10}=\square$

❿ $\frac{3}{10}=\square$

⓬ $\frac{9}{10}=\square$

두 소수의 크기를 비교하여 ◯ 안에 >, =, <를 알맞게 써넣으세요.

⓭ 0.2 ◯ 0.4

⓯ 1.5 ◯ 1.3

⓮ 0.8 ◯ 0.7

⓰ 5.6 ◯ 7.4

18일 전체의 얼마인지 분수로 나타내기

이것만 알자

전체의 얼마인지 분수로 → $\frac{(부분의\ 수)}{(전체의\ 수)}$

예 선재는 케이크를 똑같이 3조각으로 나누어 그중 한 조각을 먹었습니다.
먹은 케이크는 전체의 얼마인지 분수로 나타내어 보세요.

선재가 먹은 케이크는 전체를 똑같이 3으로 나눈 것 중의 1이므로 $\frac{1}{3}$입니다.

답 $\frac{1}{3}$

1 성훈이는 떡을 똑같이 5조각으로 나누어 그중 2조각을 먹었습니다.
먹은 떡은 전체의 얼마인지 분수로 나타내어 보세요.

풀이
성훈이가 먹은 떡은 전체를 똑같이 5조각으로 (전체 조각의 수)
나눈 것 중의 ☐ (먹은 조각의 수) 이므로 ☐입니다.

답 ☐

2 영주는 피자를 똑같이 8조각으로 나누어 그중 3조각을 먹었습니다.
먹은 피자는 전체의 얼마인지 분수로 나타내어 보세요.

풀이
영주가 먹은 피자는 전체를 똑같이 ☐조각
으로 나눈 것 중의 ☐이므로 ☐입니다.

답 ☐

왼쪽 ①, ②번과 같이 문제의 핵심 부분에 색칠하고,
전체의 수와 부분의 수에 각각 밑줄을 그어 문제를 풀어 보세요.

정답 19쪽

③ 혜림이는 와플을 똑같이 4조각으로 나누어 그중 한 조각을 먹었습니다.
먹은 와플은 전체의 얼마인지 분수로 나타내어 보세요.

풀이

답

④ 현준이는 파이를 똑같이 7조각으로 나누어 그중 4조각을 먹었습니다.
먹은 파이는 전체의 얼마인지 분수로 나타내어 보세요.

풀이

답

⑤ 선혜는 종이를 똑같이 9조각으로 나누어 그중 5조각에 색칠했습니다.
색칠한 종이는 전체의 얼마인지 분수로 나타내어 보세요.

풀이

답

18일 전체의 부분만큼은 몇인지 구하기

이것만 알자 전체의 $\frac{1}{2}$ ➔ 전체 조각 수를 똑같이 2로 나눈 것 중의 1

예 지원이는 초콜릿을 똑같이 4조각으로 나누어

전체의 $\frac{1}{2}$만큼을 먹으려고 합니다.

지원이가 먹게 되는 초콜릿은 몇 조각인가요?

전체는 4조각이므로 4조각을 똑같이 2로 나눈 것 중의 1은 2조각입니다.

답 2조각

1 희영이는 샌드위치를 똑같이 6조각으로 나누어 전체의 $\frac{1}{3}$만큼을 먹으려고 합니다. 희영이가 먹게 되는 샌드위치는 몇 조각인가요?

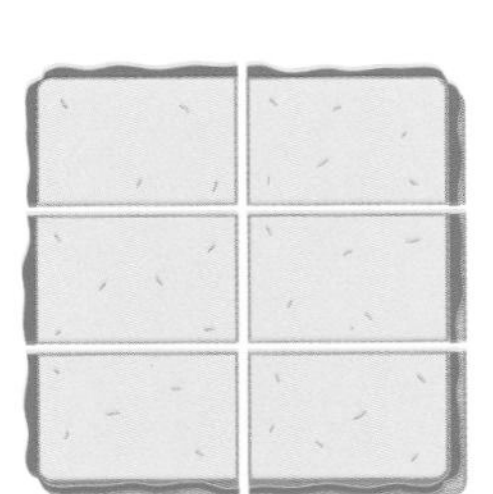

풀이

전체는 6조각이므로 6조각을 똑같이 3으로

나눈 것 중의 □은 □조각입니다.

답 □조각

2 상준이는 도화지를 똑같이 8조각으로 나누어

전체의 $\frac{1}{2}$만큼을 사용하려고 합니다.

상준이가 사용하게 되는 도화지는 몇 조각인가요?

풀이

전체는 8조각이므로 8조각을 똑같이 □로

나눈 것 중의 □은 □조각입니다.

답 □조각

왼쪽 ①, ②번과 같이 문제의 핵심 부분에 색칠하고,
문제를 풀어 보세요.

정답 20쪽

3 유진이는 치즈를 똑같이 6조각으로 나누어 전체의 $\frac{1}{2}$만큼을 먹으려고 합니다. 유진이가 먹게 되는 치즈는 몇 조각인가요?

풀이

답 ______

4 영민이는 피자를 똑같이 8조각으로 나누어 전체의 $\frac{1}{4}$만큼을 먹으려고 합니다. 영민이가 먹게 되는 피자는 몇 조각인가요?

풀이

답 ______

5 연경이는 포장지를 똑같이 10조각으로 나누어 전체의 $\frac{1}{2}$만큼을 사용하려고 합니다. 연경이가 사용하게 되는 포장지는 몇 조각인가요?

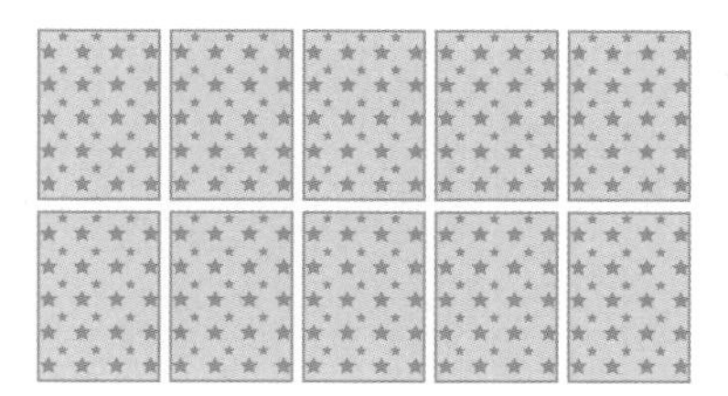

풀이

답 ______

19일 소수로 나타내기

이것만 알자

한 개를 똑같이 10조각으로 나누었을 때 그중 3조각
→ 0.3

예 은재는 색 테이프 1 m를 똑같이 10조각으로 나누어 그중 3조각을 사용했습니다. 은재가 사용한 색 테이프의 길이는 몇 m인지 소수로 나타내어 보세요.

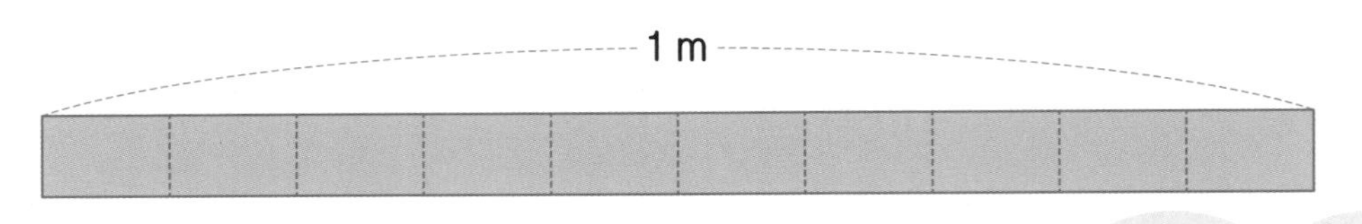

1조각은 1 m를 똑같이 10으로 나눈 것 중의 1이므로 0.1 m입니다.

⇨ 0.1 m가 3개이면 0.3 m이므로 은재가 사용한 색 테이프의 길이는 0.3 m입니다.

답 0.3 m

전체를 똑같이 10으로 나눈 것 중의 1을 **분수로 나타내면** $\frac{1}{10}$, **소수로 나타내면** 0.1**이에요.**

1 은정이는 빵 한 개를 똑같이 10조각으로 나누어 그중 4조각을 먹었습니다. 은정이가 먹은 빵의 양은 전체의 얼마인지 소수로 나타내어 보세요.

풀이

1조각은 전체를 똑같이 10으로 나눈 것 중의 1이므로 전체의 ☐입니다.

⇨ ☐이 4개이면 ☐이므로 은정이가 먹은 빵의 양은 전체의 ☐입니다.

답 ☐

왼쪽 1번과 같이 문제의 핵심 부분에 색칠하고,
문제를 풀어 보세요.

정답 20쪽

2 상민이는 색 테이프 1 m를 똑같이 10조각으로 나누어 그중 7조각을 사용했습니다. 상민이가 사용한 색 테이프의 길이는 몇 m인지 소수로 나타내어 보세요.

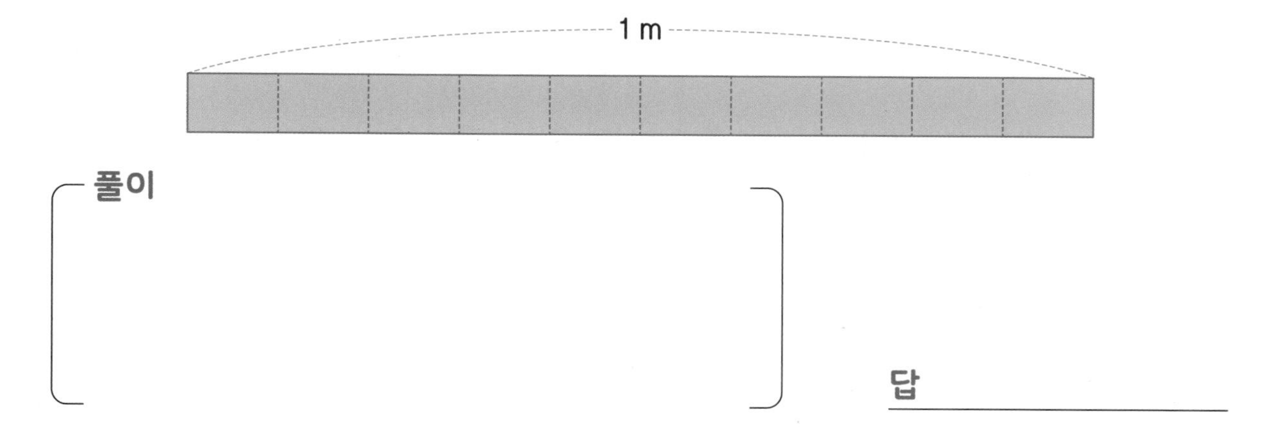

풀이

답

3 성진이는 케이크 한 개를 똑같이 10조각으로 나누어 그중 2조각을 먹었습니다. 성진이가 먹은 케이크의 양은 전체의 얼마인지 소수로 나타내어 보세요.

풀이

답

4 끈 1 m를 똑같이 10조각으로 나누어 그중 철원이가 4조각, 명주가 6조각을 사용했습니다. 철원이와 명주가 사용한 끈의 길이는 각각 몇 m인지 소수로 나타내어 보세요.

풀이

답 철원: , 명주:

19일

더 많은(적은) 것 구하기

이것만 알자

더 많이, 더 넓은, 더 먼 ➔ 더 큰 수 구하기
더 적게, 더 좁은, 더 가까운 ➔ 더 작은 수 구하기

예 영지는 시루떡의 $\frac{1}{5}$만큼을 먹었고, 은수는 똑같은 시루떡의 $\frac{3}{5}$만큼을 먹었습니다. 시루떡을 더 많이 먹은 사람은 누구인가요?

먹은 시루떡의 양을 비교하면 $\underset{영지}{\frac{1}{5}} < \underset{은수}{\frac{3}{5}}$입니다.

따라서 시루떡을 더 많이 먹은 사람은 은수입니다.

답 은수

1 명재는 종이의 $\frac{1}{3}$만큼을 사용했고, 선호는 같은 종이의 $\frac{1}{6}$만큼을 사용했습니다. 종이를 더 적게 사용한 사람은 누구인가요?

풀이

사용한 종이의 크기를 비교하면 $\underset{명재}{\frac{1}{3}}$ ◯ $\underset{선호}{\frac{1}{6}}$입니다.

따라서 종이를 더 적게 사용한 사람은 ☐입니다.

답 ☐

2 과자 상자를 묶는 데 명희는 0.4 m, 소라는 0.7 m의 끈을 사용했습니다. 끈을 더 많이 사용한 사람은 누구인가요?

풀이

사용한 끈의 길이를 비교하면 0.4 ◯ 0.7입니다.

따라서 끈을 더 많이 사용한 사람은 ☐입니다.

답 ☐

왼쪽 ①, ②번과 같이 문제의 핵심 부분에 색칠하고,
비교해야 하는 두 분수 또는 소수에 밑줄을 그어 문제를 풀어 보세요.

정답 21쪽

③ 텃밭 전체의 $\frac{5}{9}$에는 오이를 심었고, $\frac{2}{9}$에는 토마토를 심었습니다. 더 넓은 부분에 심은 채소는 무엇인가요?

풀이

답

④ 식빵을 만드는 데 우유를 유라는 한 컵의 $\frac{1}{7}$만큼을 넣었고, 은미는 한 컵의 $\frac{1}{4}$만큼을 넣었습니다. 우유를 더 적게 넣은 사람은 누구인가요?

풀이

답

⑤ 민형이네 집에서 도서관까지의 거리는 1.7 km이고, 소방서까지의 거리는 2.3 km입니다. 민형이네 집에서 더 가까운 곳은 어디인가요?

풀이

답

20일 마무리하기

90쪽

1 현진이는 샌드위치를 똑같이 5조각으로 나누어 그중 한 조각을 먹었습니다. 먹은 샌드위치는 전체의 얼마인지 분수로 나타내어 보세요.

( )

90쪽

2 은영이는 종이를 똑같이 8조각으로 나누어 그중 7조각에 색칠했습니다. 색칠한 종이는 전체의 얼마인지 분수로 나타내어 보세요.

( )

94쪽

3 떡 한 개를 똑같이 10조각으로 나누어 그중 유미가 2조각, 정수가 7조각을 먹었습니다. 유미와 정수가 먹은 떡의 양은 각각 전체의 얼마인지 소수로 나타내어 보세요.

유미 ( )

정수 ( )

92쪽

4 연진이는 도화지를 똑같이 12조각으로 나누어 전체의 $\frac{1}{4}$만큼을 사용하려고 합니다. 연진이가 사용하게 되는 도화지는 몇 조각인가요?

( )

정답 21쪽

96쪽

5 밭 전체의 $\frac{1}{8}$에는 고추를 심었고, $\frac{3}{8}$에는 상추를 심었습니다. 더 넓은 부분에 심은 채소는 무엇인가요?

( )

96쪽

6 물을 현수는 한 컵의 $\frac{1}{2}$만큼을 마셨고, 민주는 한 컵의 $\frac{1}{5}$만큼을 마셨습니다. 물을 더 적게 마신 사람은 누구인가요?

( )

96쪽

7 연필의 길이는 8.6 cm이고, 볼펜의 길이는 11.2 cm입니다. 길이가 더 긴 것은 어느 것인가요?

( )

8 94쪽 도전 문제

영빈이는 끈 1 m를 똑같이 10조각으로 나누어 그중 6조각을 동생에게 주었습니다. 영빈이에게 남은 끈의 길이는 몇 m인지 소수로 나타내어 보세요.

❶ 영빈이에게 남은 끈의 조각 수

→ ( )

❷ 영빈이에게 남은 끈의 길이를 소수로 나타내기

→ ( )

1회 실력 평가

1 오늘 미술관을 방문한 사람은 오전에 167명, 오후에 240명입니다. 오늘 미술관을 방문한 사람은 모두 몇 명인가요?

( )

2 어느 빵집에서 빵을 514개 만들었습니다. 그중에서 372개를 팔았다면 남은 빵은 몇 개인가요?

( )

3 직사각형 모양의 종이를 잘라서 만들 수 있는 가장 큰 정사각형의 한 변의 길이는 몇 cm인가요?

12 cm
8 cm
8 cm
12 cm

( )

4 방울토마토 16개를 4명이 똑같이 나누어 먹으려고 합니다. 한 명이 방울토마토를 몇 개씩 먹을 수 있을까요?

( )

정답 22쪽

5 사탕이 한 봉지에 41개씩 들어 있습니다. 3봉지에 들어 있는 사탕은 모두 몇 개인가요?

( )

6 미정이는 호떡을 똑같이 8조각으로 나누어 그중 3조각을 먹었습니다. 먹은 호떡은 전체의 얼마인지 분수로 나타내어 보세요.

( )

7 빨간색 끈의 길이는 7 cm 5 mm이고, 파란색 끈의 길이는 빨간색 끈보다 2 cm 9 mm 더 깁니다. 파란색 끈의 길이는 몇 cm 몇 mm인가요?

( )

8 수빈이는 9시 25분 30초에 출발하여 1시간 40분 55초 후에 현장 체험 학습 장소에 도착했습니다. 수빈이가 현장 체험 학습 장소에 도착한 시각은 몇 시 몇 분 몇 초인가요?

( )

2회 실력 평가

1 성훈이는 오늘 주스를 138 mL 마셨고, 물은 주스보다 235 mL 더 많이 마셨습니다. 성훈이가 오늘 마신 물은 몇 mL인가요?

( )

2 운동장을 세희는 762 m 달렸고, 민준이는 세희보다 189 m 더 적게 달렸습니다. 민준이가 달린 거리는 몇 m인가요?

( )

3 한 변의 길이가 17 cm인 정사각형 모양의 색종이가 있습니다. 색종이의 네 변의 길이의 합은 몇 cm인가요?

17 cm

( )

4 우산 40개를 우산 보관 통 한 개에 8개씩 꽂으려고 합니다.
우산 보관 통은 몇 개 필요한가요?

( )

정답 22쪽

5 풍선을 매다는 데 끈을 진수는 0.8 m, 성혜는 0.6 m 사용했습니다. 끈을 더 많이 사용한 사람은 누구인가요?

( )

6 윤재의 발 길이는 16 cm 9 mm이고, 연수의 발 길이는
19 cm 5 mm입니다.
연수의 발 길이는 윤재의 발 길이보다 몇 cm 몇 mm 더 긴가요?

( )

7 시원이가 만화를 1시간 10분 50초 동안 봤더니 4시 25분 15초가 되었습니다. 시원이가 만화를 보기 시작한 시각은 몇 시 몇 분 몇 초인가요?

( )

8 밭에서 캔 감자를 은서는 한 상자에 34개씩 5상자에 담았고, 진주는 한 상자에 49개씩 4상자에 담았습니다. 상자에 담은 감자 수가 더 많은 사람은 누구인가요?

( )

MEMO

완자 공부력

정답과 해설

정답과 해설
QR코드

 **책 속의 가접 별책** (특허 제 0557442호)

'정답과 해설'은 진도책에서 쉽게 분리할 수 있도록 제작되었으므로
유통 과정에서 분리될 수 있으나 파본이 아닌 정상 제품입니다.

우리는 남다른 상상과 혁신으로
교육 문화의 새로운 전형을 만들어
모든 이의 행복한 경험과 성장에 기여한다

ABOVE IMAGINATION

우리는 남다른 상상과 혁신으로
교육 문화의 새로운 전형을 만들어
모든 이의 행복한 경험과 성장에 기여한다

완자 공부력

교과서 문해력
수학 문장제 기본 3A

< 정답과 해설 >

10-11쪽

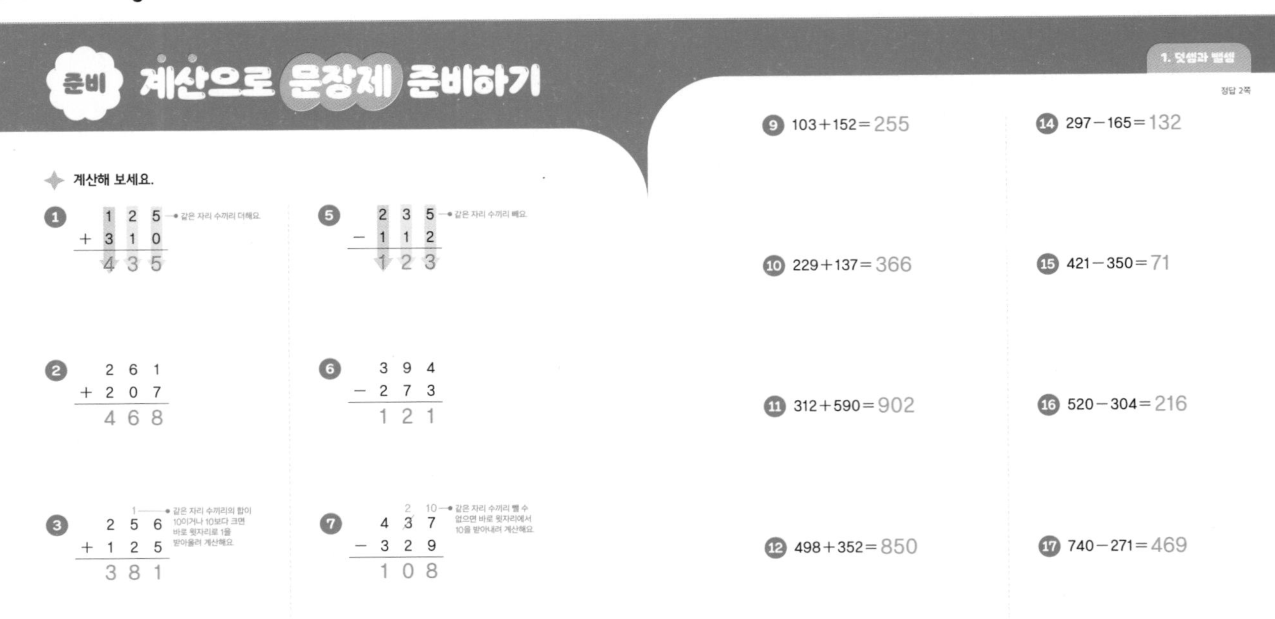

준비 계산으로 문장제 준비하기

1. 덧셈과 뺄셈

정답 2쪽

✦ 계산해 보세요.

① 125 + 310 = 435 (같은 자리 수끼리 더해요.)

② 261 + 207 = 468

③ 256 + 125 = 381 (같은 자리 수끼리의 합이 10이거나 10보다 크면 바로 윗자리로 1을 받아올려 계산해요.)

④ 453 + 379 = 832

⑤ 235 − 112 = 123 (같은 자리 수끼리 빼요.)

⑥ 394 − 273 = 121

⑦ 437 − 329 = 108 (같은 자리 수끼리 뺄 수 없으면 바로 윗자리에서 10을 받아내려 계산해요.)

⑧ 761 − 495 = 266

⑨ 103+152=255

⑩ 229+137=366

⑪ 312+590=902

⑫ 498+352=850

⑬ 625+587=1212

⑭ 297−165=132

⑮ 421−350=71

⑯ 520−304=216

⑰ 740−271=469

⑱ 854−166=688

10 11

12-13쪽

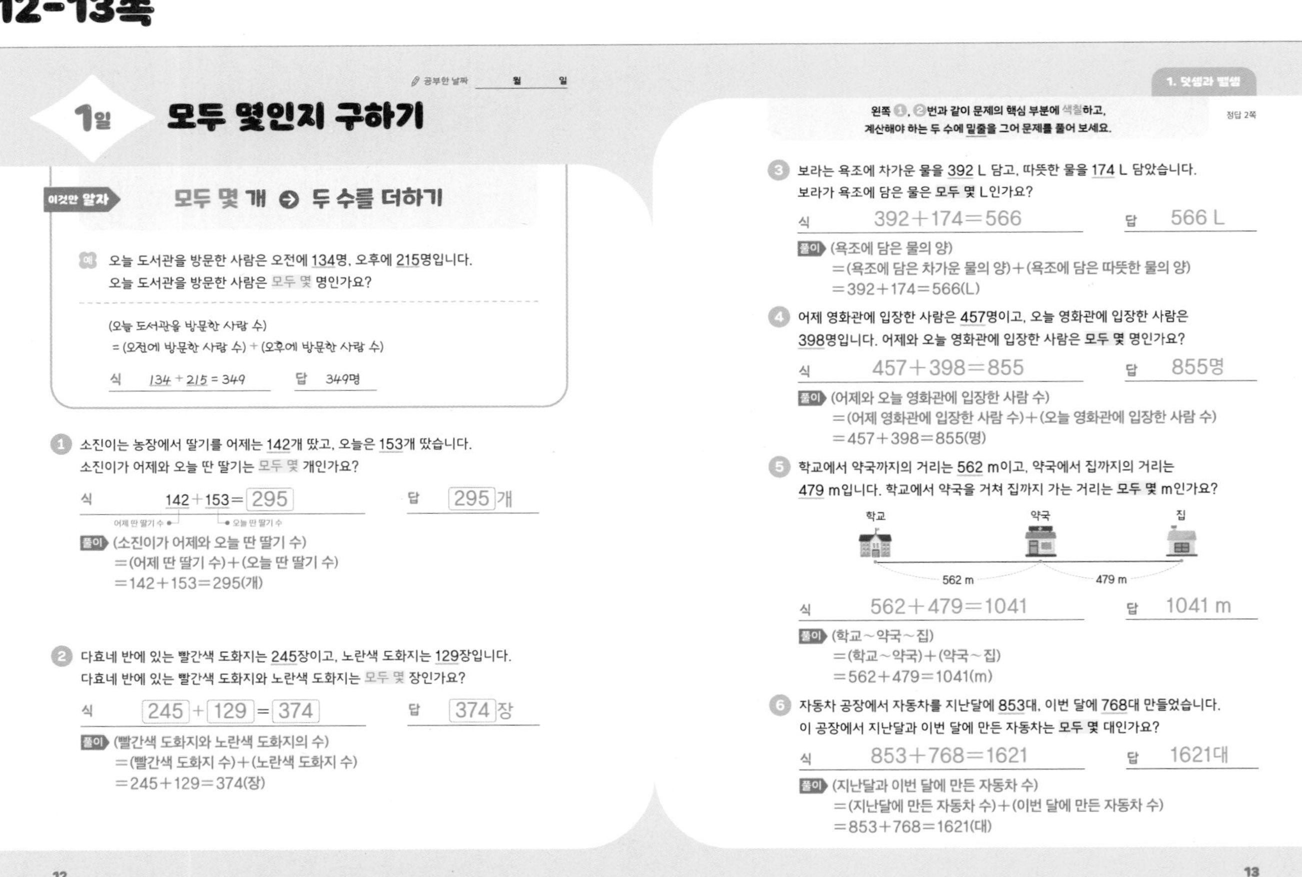

1일 모두 몇인지 구하기

공부한 날짜 월 일

1. 덧셈과 뺄셈

정답 2쪽

이것만 알자 모두 몇 개 ➔ 두 수를 더하기

오늘 도서관을 방문한 사람은 오전에 134명, 오후에 215명입니다. 오늘 도서관을 방문한 사람은 모두 몇 명인가요?

(오늘 도서관을 방문한 사람 수)
=(오전에 방문한 사람 수)+(오후에 방문한 사람 수)

식 134+215=349 답 349명

① 소진이는 농장에서 딸기를 어제는 142개 땄고, 오늘은 153개 땄습니다. 소진이가 어제와 오늘 딴 딸기는 모두 몇 개인가요?

식 142+153=295 답 295개

풀이 (소진이가 어제와 오늘 딴 딸기 수)
=(어제 딴 딸기 수)+(오늘 딴 딸기 수)
=142+153=295(개)

② 다효네 반에 있는 빨간색 도화지는 245장이고, 노란색 도화지는 129장입니다. 다효네 반에 있는 빨간색 도화지와 노란색 도화지는 모두 몇 장인가요?

식 245+129=374 답 374장

풀이 (빨간색 도화지와 노란색 도화지의 수)
=(빨간색 도화지 수)+(노란색 도화지 수)
=245+129=374(장)

왼쪽 ①, ②번과 같이 문제의 핵심 부분에 색칠하고, 계산해야 하는 두 수에 밑줄을 그어 문제를 풀어 보세요.

③ 보라는 욕조에 차가운 물을 392 L 담고, 따뜻한 물을 174 L 담았습니다. 보라가 욕조에 담은 물은 모두 몇 L인가요?

식 392+174=566 답 566 L

풀이 (욕조에 담은 물의 양)
=(욕조에 담은 차가운 물의 양)+(욕조에 담은 따뜻한 물의 양)
=392+174=566(L)

④ 어제 영화관에 입장한 사람은 457명이고, 오늘 영화관에 입장한 사람은 398명입니다. 어제와 오늘 영화관에 입장한 사람은 모두 몇 명인가요?

식 457+398=855 답 855명

풀이 (어제와 오늘 영화관에 입장한 사람 수)
=(어제 영화관에 입장한 사람 수)+(오늘 영화관에 입장한 사람 수)
=457+398=855(명)

⑤ 학교에서 약국까지의 거리는 562 m이고, 약국에서 집까지의 거리는 479 m입니다. 학교에서 약국을 거쳐 집까지 가는 거리는 모두 몇 m인가요?

학교 약국 집
562 m 479 m

식 562+479=1041 답 1041 m

풀이 (학교~약국~집)
=(학교~약국)+(약국~집)
=562+479=1041(m)

⑥ 자동차 공장에서 자동차를 지난달에 853대, 이번 달에 768대 만들었습니다. 이 공장에서 지난달과 이번 달에 만든 자동차는 모두 몇 대인가요?

식 853+768=1621 답 1621대

풀이 (지난달과 이번 달에 만든 자동차 수)
=(지난달에 만든 자동차 수)+(이번 달에 만든 자동차 수)
=853+768=1621(대)

12 13

14-15쪽

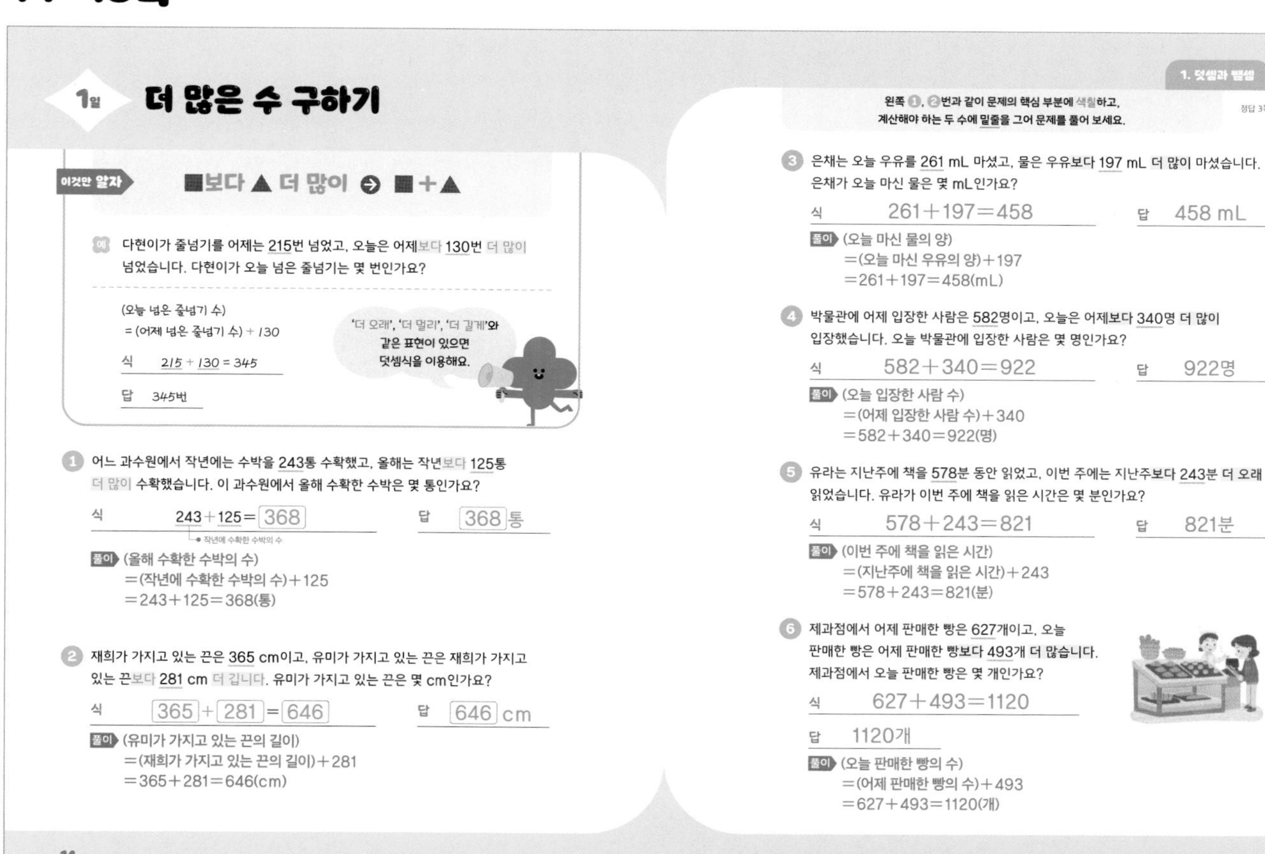

1일 **더 많은 수 구하기**

이것만 알자 ■보다 ▲ 더 많이 ➔ ■+▲

예 다현이가 줄넘기를 어제는 215번 넘었고, 오늘은 어제보다 130번 더 많이 넘었습니다. 다현이가 오늘 넘은 줄넘기는 몇 번인가요?

(오늘 넘은 줄넘기 수)
=(어제 넘은 줄넘기 수)+130

식 215+130=345

답 345번

'더 오래', '더 멀리', '더 길게'와 같은 표현이 있으면 덧셈식을 이용해요.

1 어느 과수원에서 작년에는 수박을 243통 수확했고, 올해는 작년보다 125통 더 많이 수확했습니다. 이 과수원에서 올해 수확한 수박은 몇 통인가요?

식 243+125=368 (작년에 수확한 수박의 수) 답 368통

풀이 (올해 수확한 수박의 수)
=(작년에 수확한 수박의 수)+125
=243+125=368(통)

2 재희가 가지고 있는 끈은 365 cm이고, 유미가 가지고 있는 끈은 재희가 가지고 있는 끈보다 281 cm 더 깁니다. 유미가 가지고 있는 끈은 몇 cm인가요?

식 365+281=646 답 646 cm

풀이 (유미가 가지고 있는 끈의 길이)
=(재희가 가지고 있는 끈의 길이)+281
=365+281=646(cm)

1. 덧셈과 뺄셈

왼쪽 1, 2번과 같이 문제의 핵심 부분에 색칠하고, 계산해야 하는 두 수에 밑줄을 그어 문제를 풀어 보세요.

정답 3쪽

3 은채는 오늘 우유를 261 mL 마셨고, 물은 우유보다 197 mL 더 많이 마셨습니다. 은채가 오늘 마신 물은 몇 mL인가요?

식 261+197=458 답 458 mL

풀이 (오늘 마신 물의 양)
=(오늘 마신 우유의 양)+197
=261+197=458(mL)

4 박물관에 어제 입장한 사람은 582명이고, 오늘은 어제보다 340명 더 많이 입장했습니다. 오늘 박물관에 입장한 사람은 몇 명인가요?

식 582+340=922 답 922명

풀이 (오늘 입장한 사람 수)
=(어제 입장한 사람 수)+340
=582+340=922(명)

5 유라는 지난주에 책을 578분 동안 읽었고, 이번 주에는 지난주보다 243분 더 오래 읽었습니다. 유라가 이번 주에 책을 읽은 시간은 몇 분인가요?

식 578+243=821 답 821분

풀이 (이번 주에 책을 읽은 시간)
=(지난주에 책을 읽은 시간)+243
=578+243=821(분)

6 제과점에서 어제 판매한 빵은 627개이고, 오늘 판매한 빵은 어제 판매한 빵보다 493개 더 많습니다. 제과점에서 오늘 판매한 빵은 몇 개인가요?

식 627+493=1120

답 1120개

풀이 (오늘 판매한 빵의 수)
=(어제 판매한 빵의 수)+493
=627+493=1120(개)

14 15

16-17쪽

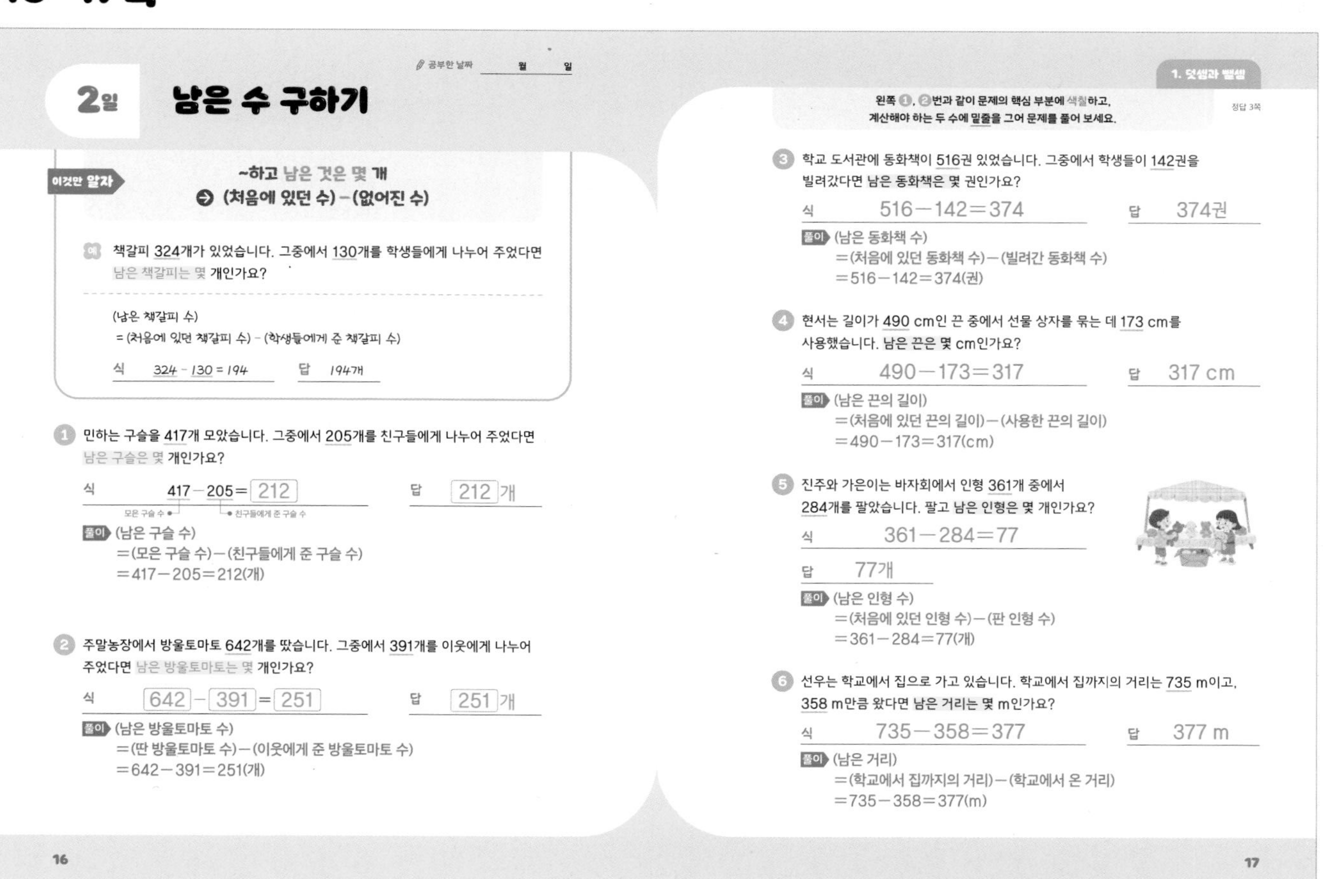

공부한 날짜 월 일

2일 **남은 수 구하기**

이것만 알자 ~하고 남은 것은 몇 개 ➔ (처음에 있던 수)−(없어진 수)

예 책갈피 324개가 있었습니다. 그중에서 130개를 학생들에게 나누어 주었다면 남은 책갈피는 몇 개인가요?

(남은 책갈피 수)
=(처음에 있던 책갈피 수)−(학생들에게 준 책갈피 수)

식 324−130=194 답 194개

1 민하는 구슬을 417개 모았습니다. 그중에서 205개를 친구들에게 나누어 주었다면 남은 구슬은 몇 개인가요?

식 417−205=212 (모은 구슬 수, 친구들에게 준 구슬 수) 답 212개

풀이 (남은 구슬 수)
=(모은 구슬 수)−(친구들에게 준 구슬 수)
=417−205=212(개)

2 주말농장에서 방울토마토 642개를 땄습니다. 그중에서 391개를 이웃에게 나누어 주었다면 남은 방울토마토는 몇 개인가요?

식 642−391=251 답 251개

풀이 (남은 방울토마토 수)
=(딴 방울토마토 수)−(이웃에게 준 방울토마토 수)
=642−391=251(개)

1. 덧셈과 뺄셈

왼쪽 1, 2번과 같이 문제의 핵심 부분에 색칠하고, 계산해야 하는 두 수에 밑줄을 그어 문제를 풀어 보세요.

정답 3쪽

3 학교 도서관에 동화책이 516권 있었습니다. 그중에서 학생들이 142권을 빌려갔다면 남은 동화책은 몇 권인가요?

식 516−142=374 답 374권

풀이 (남은 동화책 수)
=(처음에 있던 동화책 수)−(빌려간 동화책 수)
=516−142=374(권)

4 현서는 길이가 490 cm인 끈 중에서 선물 상자를 묶는 데 173 cm를 사용했습니다. 남은 끈은 몇 cm인가요?

식 490−173=317 답 317 cm

풀이 (남은 끈의 길이)
=(처음에 있던 끈의 길이)−(사용한 끈의 길이)
=490−173=317(cm)

5 진주와 가은이는 바자회에서 인형 361개 중에서 284개를 팔았습니다. 팔고 남은 인형은 몇 개인가요?

식 361−284=77

답 77개

풀이 (남은 인형 수)
=(처음에 있던 인형 수)−(판 인형 수)
=361−284=77(개)

6 선우는 학교에서 집으로 가고 있습니다. 학교에서 집까지의 거리는 735 m이고, 358 m만큼 왔다면 남은 거리는 몇 m인가요?

식 735−358=377 답 377 m

풀이 (남은 거리)
=(학교에서 집까지의 거리)−(학교에서 온 거리)
=735−358=377(m)

16 17

1 덧셈과 뺄셈

18-19쪽

2일 더 적은 수 구하기

이것만 알자 ■보다 ▲ 더 적게 ➔ ■－▲

예 색종이를 현지는 273장 가지고 있고, 시은이는 현지보다 152장 더 적게 가지고 있습니다. 시은이가 가지고 있는 색종이는 몇 장인가요?

(시은이가 가지고 있는 색종이 수)
=(현지가 가지고 있는 색종이 수)－152

식 273－152＝121 답 121장

① 은성이는 줄넘기를 368번 넘었고, 연우는 은성이보다 210번 더 적게 넘었습니다. 연우는 줄넘기를 몇 번 넘었나요?

식 368－210＝158 (은성이가 넘은 줄넘기 수) 답 158번

풀이 (연우가 넘은 줄넘기 수)
＝(은성이가 넘은 줄넘기 수)－210
＝368－210＝158(번)

② 솔이네 학교 여학생은 452명이고, 남학생은 여학생보다 138명 더 적습니다. 솔이네 학교 남학생은 몇 명인가요?

식 452－138＝314 답 314명

풀이 (남학생 수)
＝(여학생 수)－138
＝452－138＝314(명)

왼쪽 ①, ②번과 같이 문제의 핵심 부분에 색칠하고, 계산해야 하는 두 수에 밑줄을 그어 문제를 풀어 보세요.

정답 4쪽

③ 구슬을 서준이는 406개 모았고, 규리는 서준이보다 171개 더 적게 모았습니다. 규리가 모은 구슬은 몇 개인가요?

식 406－171＝235

답 235개

풀이 (규리가 모은 구슬 수)
＝(서준이가 모은 구슬 수)－171
＝406－171＝235(개)

④ 오늘 놀이공원에 입장한 사람은 791명입니다. 놀이공원에 어제 입장한 사람은 오늘 입장한 사람보다 235명 더 적습니다. 어제 놀이공원에 입장한 사람은 몇 명인가요?

식 791－235＝556 답 556명

풀이 (어제 입장한 사람 수)
＝(오늘 입장한 사람 수)－235
＝791－235＝556(명)

⑤ 시우는 종이학을 815마리 접었고, 지호는 시우보다 469마리 더 적게 접었습니다. 지호가 접은 종이학은 몇 마리인가요?

식 815－469＝346 답 346마리

풀이 (지호가 접은 종이학 수)
＝(시우가 접은 종이학 수)－469
＝815－469＝346(마리)

⑥ 가게에서 초콜릿을 어제는 924개 팔았고, 오늘은 어제보다 378개 더 적게 팔았습니다. 오늘 판 초콜릿은 몇 개인가요?

식 924－378＝546 답 546개

풀이 (오늘 판 초콜릿 수)
＝(어제 판 초콜릿 수)－378
＝924－378＝546(개)

20-21쪽

공부한 날짜 월 일

3일 두 수를 비교하여 차 구하기

이것만 알자 ■는 ▲보다 몇 개 더 많은(적은)가? ➔ ■－▲

예 목장에 양이 386마리 있고, 염소가 174마리 있습니다. 목장에 있는 양은 염소보다 몇 마리 더 많은가요?

(양의 수)－(염소의 수)

식 386－174＝212

답 212마리

'~보다 몇 명 더', '~보다 몇 마리 더', '~보다 몇 m 더'와 같은 표현이 있으면 뺄셈식을 이용해요.

① 지호는 책을 265쪽 읽었고, 유나는 142쪽 읽었습니다. 지호는 유나보다 책을 몇 쪽 더 많이 읽었나요?

식 265－142＝123 (지호가 읽은 책의 쪽수, 유나가 읽은 책의 쪽수) 답 123쪽

풀이 (지호가 읽은 책의 쪽수)－(유나가 읽은 책의 쪽수)
＝265－142＝123(쪽)

② 동물원에 어른은 547명, 어린이는 429명 입장했습니다. 동물원에 입장한 어른은 어린이보다 몇 명 더 많은가요?

식 547－429＝118 답 118명

풀이 (어른 수)－(어린이 수)
＝547－429＝118(명)

왼쪽 ①, ②번과 같이 문제의 핵심 부분에 색칠하고, 계산해야 하는 두 수에 밑줄을 그어 문제를 풀어 보세요.

정답 4쪽

③ 노란색 물고기가 412마리, 빨간색 물고기가 280마리 있습니다. 노란색 물고기는 빨간색 물고기보다 몇 마리 더 많은가요?

식 412－280＝132 답 132마리

풀이 (노란색 물고기 수)－(빨간색 물고기 수)
＝412－280＝132(마리)

④ 선미의 키는 137 cm이고, 진하의 키는 150 cm입니다. 진하의 키는 선미의 키보다 몇 cm 더 큰가요?

식 150－137＝13 답 13 cm

풀이 (진하의 키)－(선미의 키)
＝150－137＝13(cm)

⑤ 민지네 학교 학생은 629명이고, 연주네 학교 학생은 703명입니다. 연주네 학교 학생은 민지네 학교 학생보다 몇 명 더 많은가요?

식 703－629＝74 답 74명

풀이 (연주네 학교 학생 수)－(민지네 학교 학생 수)
＝703－629＝74(명)

⑥ 집에서 문구점까지의 거리는 641 m이고, 문구점에서 학교까지의 거리는 476 m입니다. 집에서 문구점까지의 거리는 문구점에서 학교까지의 거리보다 몇 m 더 먼가요?

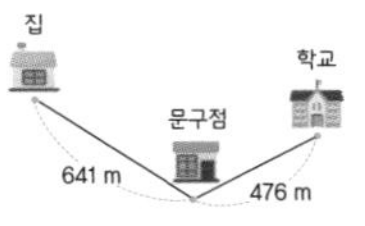

식 641－476＝165

답 165 m

풀이 (집에서 문구점까지의 거리)－(문구점에서 학교까지의 거리)
＝641－476＝165(m)

22-23쪽

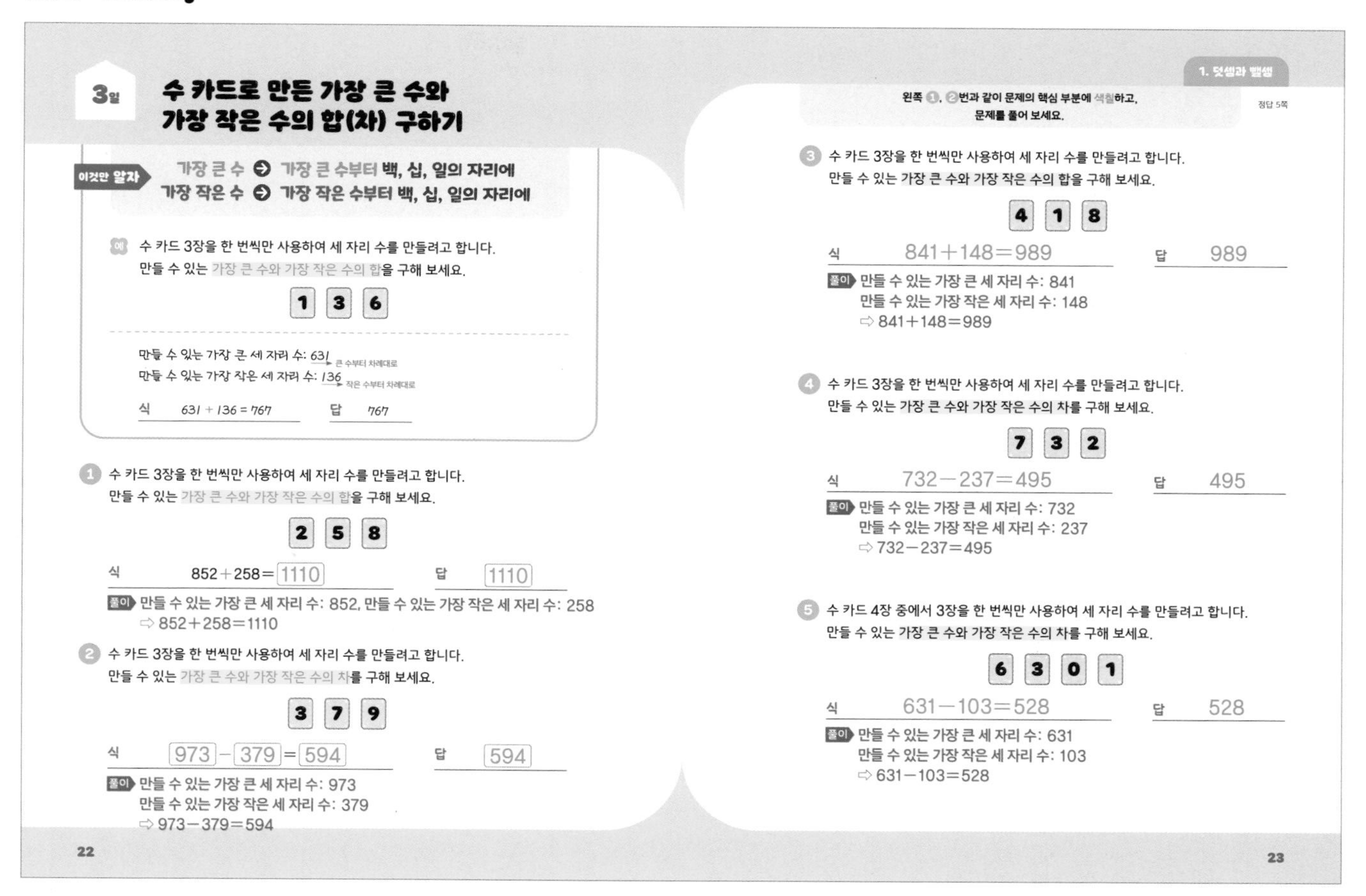

3일 수 카드로 만든 가장 큰 수와 가장 작은 수의 합(차) 구하기

이것만 알자 가장 큰 수 ➔ 가장 큰 수부터 백, 십, 일의 자리에
가장 작은 수 ➔ 가장 작은 수부터 백, 십, 일의 자리에

예 수 카드 3장을 한 번씩만 사용하여 세 자리 수를 만들려고 합니다.
만들 수 있는 가장 큰 수와 가장 작은 수의 합을 구해 보세요.

1 3 6

만들 수 있는 가장 큰 세 자리 수: 631 (큰 수부터 차례대로)
만들 수 있는 가장 작은 세 자리 수: 136 (작은 수부터 차례대로)

식 631 + 136 = 767 답 767

1 수 카드 3장을 한 번씩만 사용하여 세 자리 수를 만들려고 합니다.
만들 수 있는 가장 큰 수와 가장 작은 수의 합을 구해 보세요.

2 5 8

식 852+258=1110 답 1110

풀이 만들 수 있는 가장 큰 세 자리 수: 852, 만들 수 있는 가장 작은 세 자리 수: 258
⇨ 852+258=1110

2 수 카드 3장을 한 번씩만 사용하여 세 자리 수를 만들려고 합니다.
만들 수 있는 가장 큰 수와 가장 작은 수의 차를 구해 보세요.

3 7 9

식 973−379=594 답 594

풀이 만들 수 있는 가장 큰 세 자리 수: 973
만들 수 있는 가장 작은 세 자리 수: 379
⇨ 973−379=594

22

1. 덧셈과 뺄셈

왼쪽 1, 2번과 같이 문제의 핵심 부분에 색칠하고, 문제를 풀어 보세요.

정답 5쪽

3 수 카드 3장을 한 번씩만 사용하여 세 자리 수를 만들려고 합니다.
만들 수 있는 가장 큰 수와 가장 작은 수의 합을 구해 보세요.

4 1 8

식 841+148=989 답 989

풀이 만들 수 있는 가장 큰 세 자리 수: 841
만들 수 있는 가장 작은 세 자리 수: 148
⇨ 841+148=989

4 수 카드 3장을 한 번씩만 사용하여 세 자리 수를 만들려고 합니다.
만들 수 있는 가장 큰 수와 가장 작은 수의 차를 구해 보세요.

7 3 2

식 732−237=495 답 495

풀이 만들 수 있는 가장 큰 세 자리 수: 732
만들 수 있는 가장 작은 세 자리 수: 237
⇨ 732−237=495

5 수 카드 4장 중에서 3장을 한 번씩만 사용하여 세 자리 수를 만들려고 합니다.
만들 수 있는 가장 큰 수와 가장 작은 수의 차를 구해 보세요.

6 3 0 1

식 631−103=528 답 528

풀이 만들 수 있는 가장 큰 세 자리 수: 631
만들 수 있는 가장 작은 세 자리 수: 103
⇨ 631−103=528

23

24-25쪽

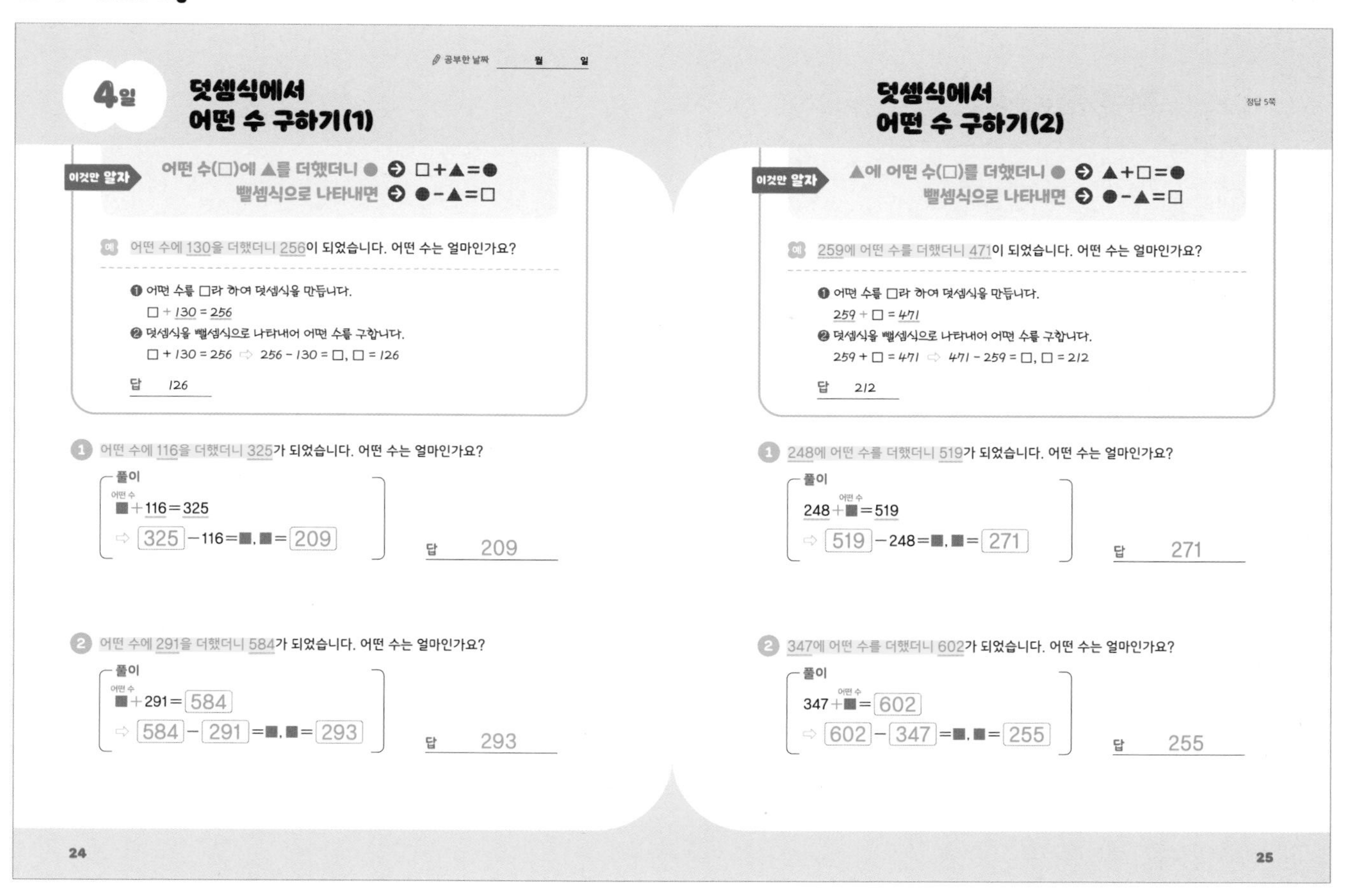

공부한 날짜 월 일

4일 덧셈식에서 어떤 수 구하기(1)

이것만 알자 어떤 수(□)에 ▲를 더했더니 ● ➔ □+▲=●
뺄셈식으로 나타내면 ➔ ●−▲=□

예 어떤 수에 130을 더했더니 256이 되었습니다. 어떤 수는 얼마인가요?

❶ 어떤 수를 □라 하여 덧셈식을 만듭니다.
□ + 130 = 256
❷ 덧셈식을 뺄셈식으로 나타내어 어떤 수를 구합니다.
□ + 130 = 256 ⇨ 256 − 130 = □, □ = 126

답 126

1 어떤 수에 116을 더했더니 325가 되었습니다. 어떤 수는 얼마인가요?

풀이
(어떤 수) ■+116=325
⇨ 325−116=■, ■=209

답 209

2 어떤 수에 291을 더했더니 584가 되었습니다. 어떤 수는 얼마인가요?

풀이
(어떤 수) ■+291=584
⇨ 584−291=■, ■=293

답 293

24

덧셈식에서 어떤 수 구하기(2)

정답 5쪽

이것만 알자 ▲에 어떤 수(□)를 더했더니 ● ➔ ▲+□=●
뺄셈식으로 나타내면 ➔ ●−▲=□

예 259에 어떤 수를 더했더니 471이 되었습니다. 어떤 수는 얼마인가요?

❶ 어떤 수를 □라 하여 덧셈식을 만듭니다.
259 + □ = 471
❷ 덧셈식을 뺄셈식으로 나타내어 어떤 수를 구합니다.
259 + □ = 471 ⇨ 471 − 259 = □, □ = 212

답 212

1 248에 어떤 수를 더했더니 519가 되었습니다. 어떤 수는 얼마인가요?

풀이
248+■(어떤 수)=519
⇨ 519−248=■, ■=271

답 271

2 347에 어떤 수를 더했더니 602가 되었습니다. 어떤 수는 얼마인가요?

풀이
347+■(어떤 수)=602
⇨ 602−347=■, ■=255

답 255

25

26-27쪽

4일 뺄셈식에서 어떤 수 구하기(1)

이것만 알자 어떤 수(□)에서 ▲를 뺐더니 ● ➔ □−▲=●
덧셈식으로 나타내면 ➔ ●+▲=□

예 어떤 수에서 316을 뺐더니 257이 되었습니다. 어떤 수는 얼마인가요?

❶ 어떤 수를 □라 하여 뺄셈식을 만듭니다.
□ − 316 = 257
❷ 뺄셈식을 덧셈식으로 나타내어 어떤 수를 구합니다.
□ − 316 = 257 ⇨ 257 + 316 = □, □ = 573

답 573

1 어떤 수에서 175를 뺐더니 493이 되었습니다. 어떤 수는 얼마인가요?

풀이
■(어떤 수)−175=493
⇨ 493+175=■, ■=668

답 668

2 어떤 수에서 598을 뺐더니 376이 되었습니다. 어떤 수는 얼마인가요?

풀이
■(어떤 수)−598=376
⇨ 376+598=■, ■=974

답 974

뺄셈식에서 어떤 수 구하기(2)

정답 6쪽

이것만 알자 ▲에서 어떤 수(□)를 뺐더니 ● ➔ ▲−□=●
다른 뺄셈식으로 나타내면 ➔ ▲−●=□

예 217에서 어떤 수를 뺐더니 125가 되었습니다. 어떤 수는 얼마인가요?

❶ 어떤 수를 □라 하여 뺄셈식을 만듭니다.
217 − □ = 125
❷ 뺄셈식을 다른 뺄셈식으로 나타내어 어떤 수를 구합니다.
217 − □ = 125 ⇨ 217 − 125 = □, □ = 92

답 92

1 781에서 어떤 수를 뺐더니 423이 되었습니다. 어떤 수는 얼마인가요?

풀이
781−■(어떤 수)=423
⇨ 781−423=■, ■=358

답 358

2 840에서 어떤 수를 뺐더니 562가 되었습니다. 어떤 수는 얼마인가요?

풀이
840−■(어떤 수)=562
⇨ 840−562=■, ■=278

답 278

26 27

28-29쪽

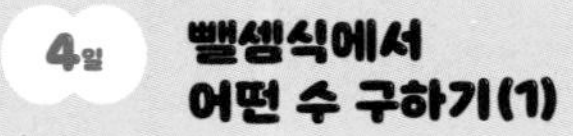

5일 마무리하기

공부한 날짜 월 일 / 걸린 시간 / 30분 / 맞은 개수 / 8개 / 1. 덧셈과 뺄셈

정답 6쪽

1 (12쪽) 도서관에 동화책이 512권, 과학책이 253권 있습니다. 도서관에 있는 동화책과 과학책은 모두 몇 권인가요?
(765권)
풀이 (동화책과 과학책의 수)
=(동화책 수)+(과학책 수)
=512+253=765(권)

2 (14쪽) 은정이네 밭에서 작년에는 고구마를 279개 수확했고, 올해는 작년보다 103개 더 많이 수확했습니다. 올해 수확한 고구마는 몇 개인가요?
(382개)
풀이 (올해 수확한 고구마 수)
=(작년에 수확한 고구마 수)+103
=279+103=382(개)

3 (18쪽) 도화지를 현수는 347장 가지고 있고, 정은이는 현수보다 182장 더 적게 가지고 있습니다. 정은이가 가지고 있는 도화지는 몇 장인가요?
(165장)
풀이 (정은이가 가지고 있는 도화지 수)
=(현수가 가지고 있는 도화지 수)−182
=347−182=165(장)

4 (16쪽) 자전거 대여소에 자전거가 425대 있었습니다. 그중에서 자전거 279대를 대여해 주었다면 대여소에 남은 자전거는 몇 대인가요?
(146대)
풀이 (남은 자전거 수)
=(처음에 있던 자전거 수)−(대여해 준 자전거 수)
=425−279=146(대)

5 (20쪽) 아버지의 키는 183 cm이고, 우진이의 키는 145 cm입니다. 아버지의 키는 우진이의 키보다 몇 cm 더 큰가요?
(38 cm)
풀이 (아버지의 키)−(우진이의 키)
=183−145=38(cm)

6 (26쪽) 어떤 수에서 458을 뺐더니 763이 되었습니다. 어떤 수는 얼마인가요?
(1221)
풀이 어떤 수를 □라 하면
□−458=763
⇨ 763+458=□, □=1221입니다.

7 (25쪽) 338에 어떤 수를 더했더니 614가 되었습니다. 어떤 수는 얼마인가요?
(276)
풀이 어떤 수를 □라 하면
338+□=614
⇨ 614−338=□, □=276입니다.

8 (22쪽) 도전 문제
수 카드 4장 중에서 3장을 한 번씩만 사용하여 세 자리 수를 만들려고 합니다. 만들 수 있는 가장 큰 수와 두 번째로 큰 수의 합을 구해 보세요.

5 0 2 9

❶ 만들 수 있는 가장 큰 세 자리 수
➔ (952)
❷ 만들 수 있는 두 번째로 큰 세 자리 수
➔ (950)
❸ 만들 수 있는 가장 큰 수와 두 번째로 큰 수의 합
➔ (1902)

풀이 ❸ 952+950=1902

28 29

32-33쪽

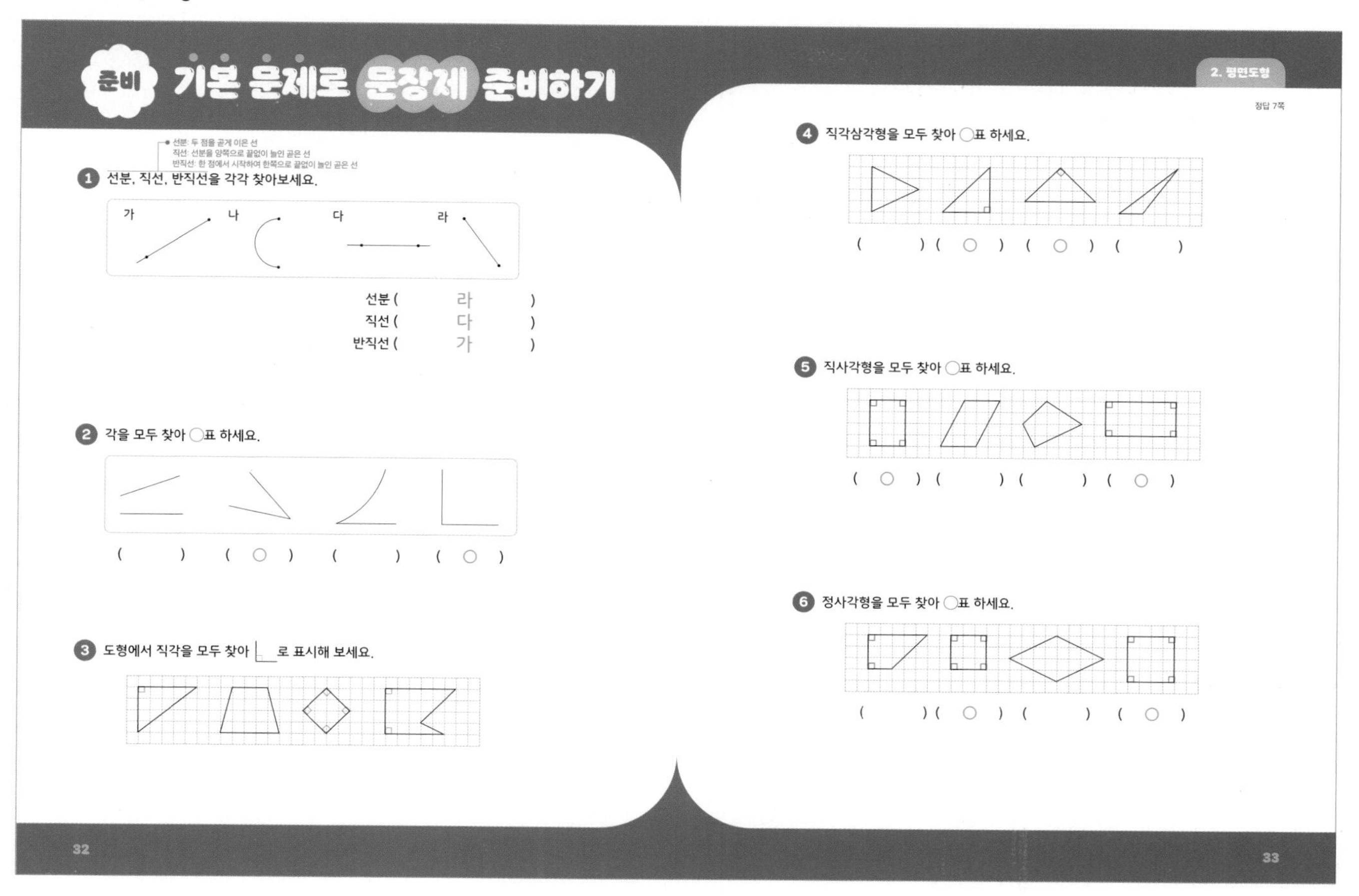

준비 기본 문제로 문장제 준비하기

2. 평면도형

정답 7쪽

선분: 두 점을 곧게 이은 선
직선: 선분을 양쪽으로 끝없이 늘인 곧은 선
반직선: 한 점에서 시작하여 한쪽으로 끝없이 늘인 곧은 선

1 선분, 직선, 반직선을 각각 찾아보세요.

가 나 다 라

선분 (라)
직선 (다)
반직선 (가)

2 각을 모두 찾아 ○표 하세요.

( ) (○) ( ) (○)

3 도형에서 직각을 모두 찾아 ∟로 표시해 보세요.

4 직각삼각형을 모두 찾아 ○표 하세요.

( ) (○) (○) ( )

5 직사각형을 모두 찾아 ○표 하세요.

(○) ( ) ( ) (○)

6 정사각형을 모두 찾아 ○표 하세요.

( ) (○) ( ) (○)

32 33

34-35쪽

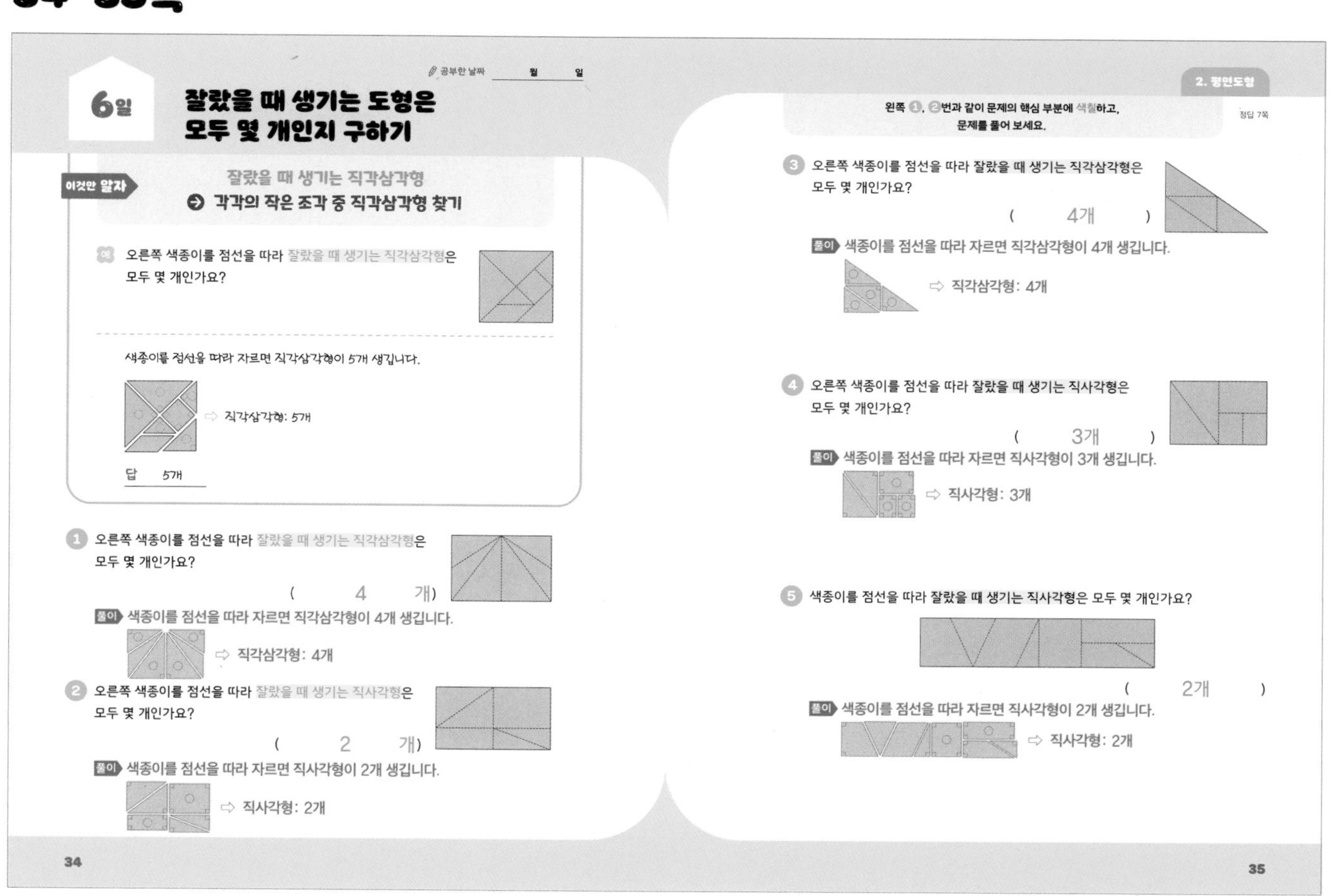

공부한 날짜 월 일

6일 잘랐을 때 생기는 도형은 모두 몇 개인지 구하기

2. 평면도형

정답 7쪽

이것만 알자

잘랐을 때 생기는 직각삼각형
➔ 각각의 작은 조각 중 직각삼각형 찾기

예 오른쪽 색종이를 점선을 따라 잘랐을 때 생기는 직각삼각형은 모두 몇 개인가요?

색종이를 점선을 따라 자르면 직각삼각형이 5개 생깁니다.

⇨ 직각삼각형: 5개

답 5개

1 오른쪽 색종이를 점선을 따라 잘랐을 때 생기는 직각삼각형은 모두 몇 개인가요?

(4 개)

풀이 색종이를 점선을 따라 자르면 직각삼각형이 4개 생깁니다.

⇨ 직각삼각형: 4개

2 오른쪽 색종이를 점선을 따라 잘랐을 때 생기는 직사각형은 모두 몇 개인가요?

(2 개)

풀이 색종이를 점선을 따라 자르면 직사각형이 2개 생깁니다.

⇨ 직사각형: 2개

왼쪽 1, 2번과 같이 문제의 핵심 부분에 색칠하고, 문제를 풀어 보세요.

3 오른쪽 색종이를 점선을 따라 잘랐을 때 생기는 직각삼각형은 모두 몇 개인가요?

(4개)

풀이 색종이를 점선을 따라 자르면 직각삼각형이 4개 생깁니다.

⇨ 직각삼각형: 4개

4 오른쪽 색종이를 점선을 따라 잘랐을 때 생기는 직사각형은 모두 몇 개인가요?

(3개)

풀이 색종이를 점선을 따라 자르면 직사각형이 3개 생깁니다.

⇨ 직사각형: 3개

5 색종이를 점선을 따라 잘랐을 때 생기는 직사각형은 모두 몇 개인가요?

(2개)

풀이 색종이를 점선을 따라 자르면 직사각형이 2개 생깁니다.

⇨ 직사각형: 2개

34 35

2 평면도형

36-37쪽

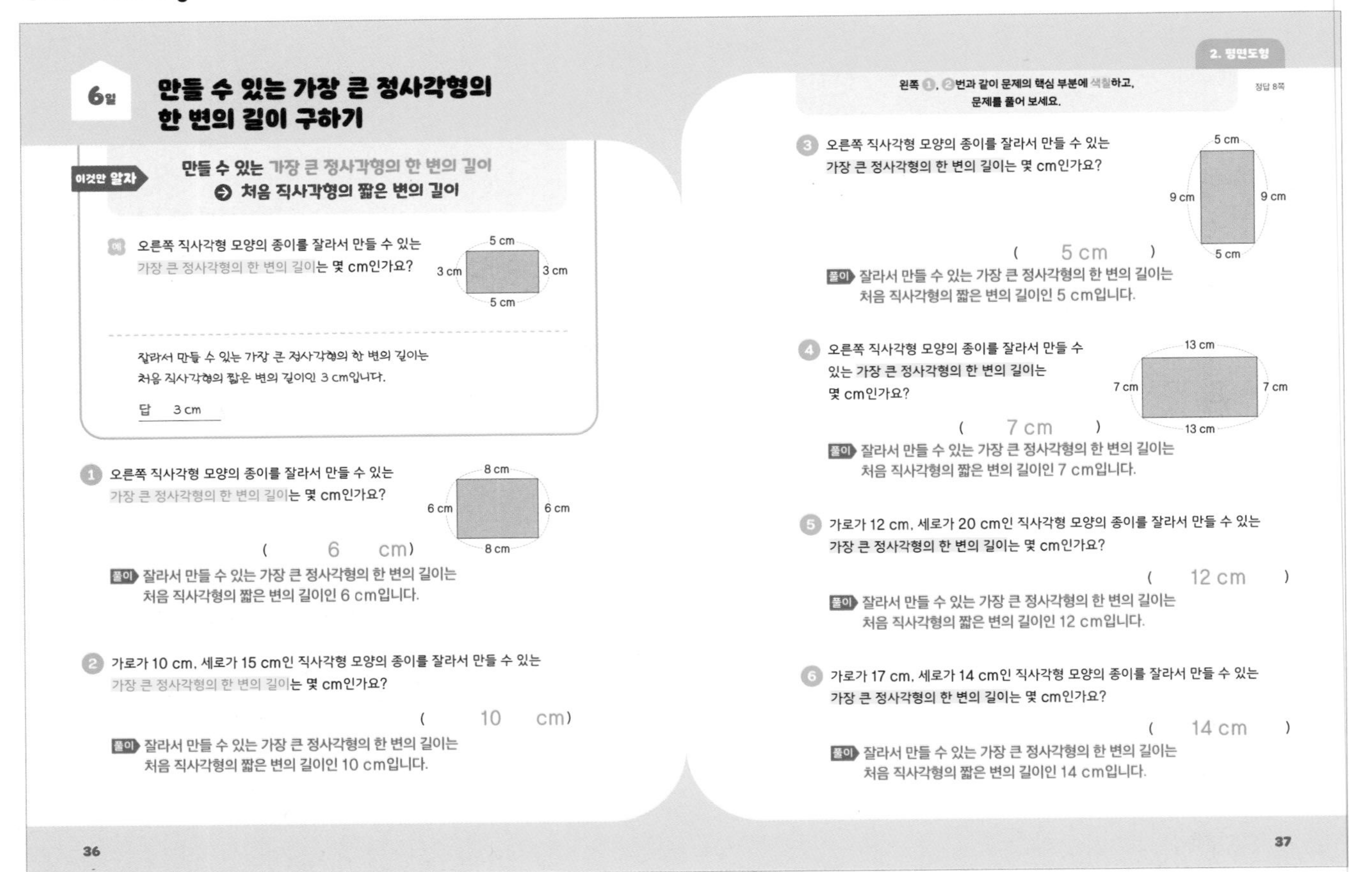

2. 평면도형

6일 만들 수 있는 가장 큰 정사각형의 한 변의 길이 구하기

이것만 알자 만들 수 있는 가장 큰 정사각형의 한 변의 길이
➔ 처음 직사각형의 짧은 변의 길이

오른쪽 직사각형 모양의 종이를 잘라서 만들 수 있는 가장 큰 정사각형의 한 변의 길이는 몇 cm인가요?

잘라서 만들 수 있는 가장 큰 정사각형의 한 변의 길이는 처음 직사각형의 짧은 변의 길이인 3 cm입니다.

답 3 cm

1 오른쪽 직사각형 모양의 종이를 잘라서 만들 수 있는 가장 큰 정사각형의 한 변의 길이는 몇 cm인가요?

(6 cm)

풀이 잘라서 만들 수 있는 가장 큰 정사각형의 한 변의 길이는 처음 직사각형의 짧은 변의 길이인 6 cm입니다.

2 가로가 10 cm, 세로가 15 cm인 직사각형 모양의 종이를 잘라서 만들 수 있는 가장 큰 정사각형의 한 변의 길이는 몇 cm인가요?

(10 cm)

풀이 잘라서 만들 수 있는 가장 큰 정사각형의 한 변의 길이는 처음 직사각형의 짧은 변의 길이인 10 cm입니다.

왼쪽 1, 2번과 같이 문제의 핵심 부분에 색칠하고, 문제를 풀어 보세요.

정답 8쪽

3 오른쪽 직사각형 모양의 종이를 잘라서 만들 수 있는 가장 큰 정사각형의 한 변의 길이는 몇 cm인가요?

(5 cm)

풀이 잘라서 만들 수 있는 가장 큰 정사각형의 한 변의 길이는 처음 직사각형의 짧은 변의 길이인 5 cm입니다.

4 오른쪽 직사각형 모양의 종이를 잘라서 만들 수 있는 가장 큰 정사각형의 한 변의 길이는 몇 cm인가요?

(7 cm)

풀이 잘라서 만들 수 있는 가장 큰 정사각형의 한 변의 길이는 처음 직사각형의 짧은 변의 길이인 7 cm입니다.

5 가로가 12 cm, 세로가 20 cm인 직사각형 모양의 종이를 잘라서 만들 수 있는 가장 큰 정사각형의 한 변의 길이는 몇 cm인가요?

(12 cm)

풀이 잘라서 만들 수 있는 가장 큰 정사각형의 한 변의 길이는 처음 직사각형의 짧은 변의 길이인 12 cm입니다.

6 가로가 17 cm, 세로가 14 cm인 직사각형 모양의 종이를 잘라서 만들 수 있는 가장 큰 정사각형의 한 변의 길이는 몇 cm인가요?

(14 cm)

풀이 잘라서 만들 수 있는 가장 큰 정사각형의 한 변의 길이는 처음 직사각형의 짧은 변의 길이인 14 cm입니다.

36 37

38-39쪽

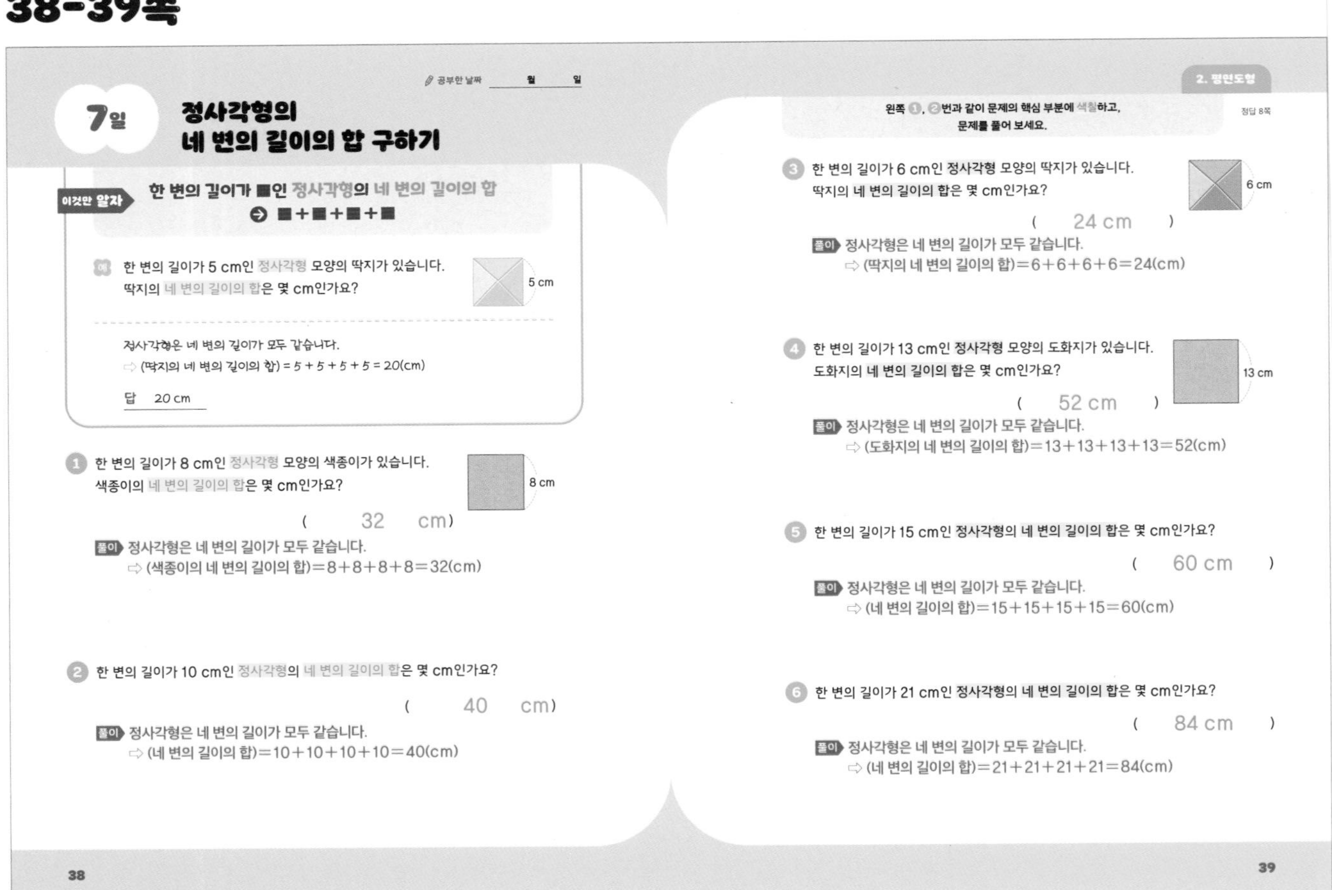

공부한 날짜 월 일

2. 평면도형

7일 정사각형의 네 변의 길이의 합 구하기

이것만 알자 한 변의 길이가 ■인 정사각형의 네 변의 길이의 합
➔ ■+■+■+■

한 변의 길이가 5 cm인 정사각형 모양의 딱지가 있습니다. 딱지의 네 변의 길이의 합은 몇 cm인가요?

정사각형은 네 변의 길이가 모두 같습니다.
⇨ (딱지의 네 변의 길이의 합) = 5 + 5 + 5 + 5 = 20(cm)

답 20 cm

1 한 변의 길이가 8 cm인 정사각형 모양의 색종이가 있습니다. 색종이의 네 변의 길이의 합은 몇 cm인가요?

(32 cm)

풀이 정사각형은 네 변의 길이가 모두 같습니다.
⇨ (색종이의 네 변의 길이의 합)=8+8+8+8=32(cm)

2 한 변의 길이가 10 cm인 정사각형의 네 변의 길이의 합은 몇 cm인가요?

(40 cm)

풀이 정사각형은 네 변의 길이가 모두 같습니다.
⇨ (네 변의 길이의 합)=10+10+10+10=40(cm)

왼쪽 1, 2번과 같이 문제의 핵심 부분에 색칠하고, 문제를 풀어 보세요.

정답 8쪽

3 한 변의 길이가 6 cm인 정사각형 모양의 딱지가 있습니다. 딱지의 네 변의 길이의 합은 몇 cm인가요?

(24 cm)

풀이 정사각형은 네 변의 길이가 모두 같습니다.
⇨ (딱지의 네 변의 길이의 합)=6+6+6+6=24(cm)

4 한 변의 길이가 13 cm인 정사각형 모양의 도화지가 있습니다. 도화지의 네 변의 길이의 합은 몇 cm인가요?

(52 cm)

풀이 정사각형은 네 변의 길이가 모두 같습니다.
⇨ (도화지의 네 변의 길이의 합)=13+13+13+13=52(cm)

5 한 변의 길이가 15 cm인 정사각형의 네 변의 길이의 합은 몇 cm인가요?

(60 cm)

풀이 정사각형은 네 변의 길이가 모두 같습니다.
⇨ (네 변의 길이의 합)=15+15+15+15=60(cm)

6 한 변의 길이가 21 cm인 정사각형의 네 변의 길이의 합은 몇 cm인가요?

(84 cm)

풀이 정사각형은 네 변의 길이가 모두 같습니다.
⇨ (네 변의 길이의 합)=21+21+21+21=84(cm)

38 39

40-41쪽

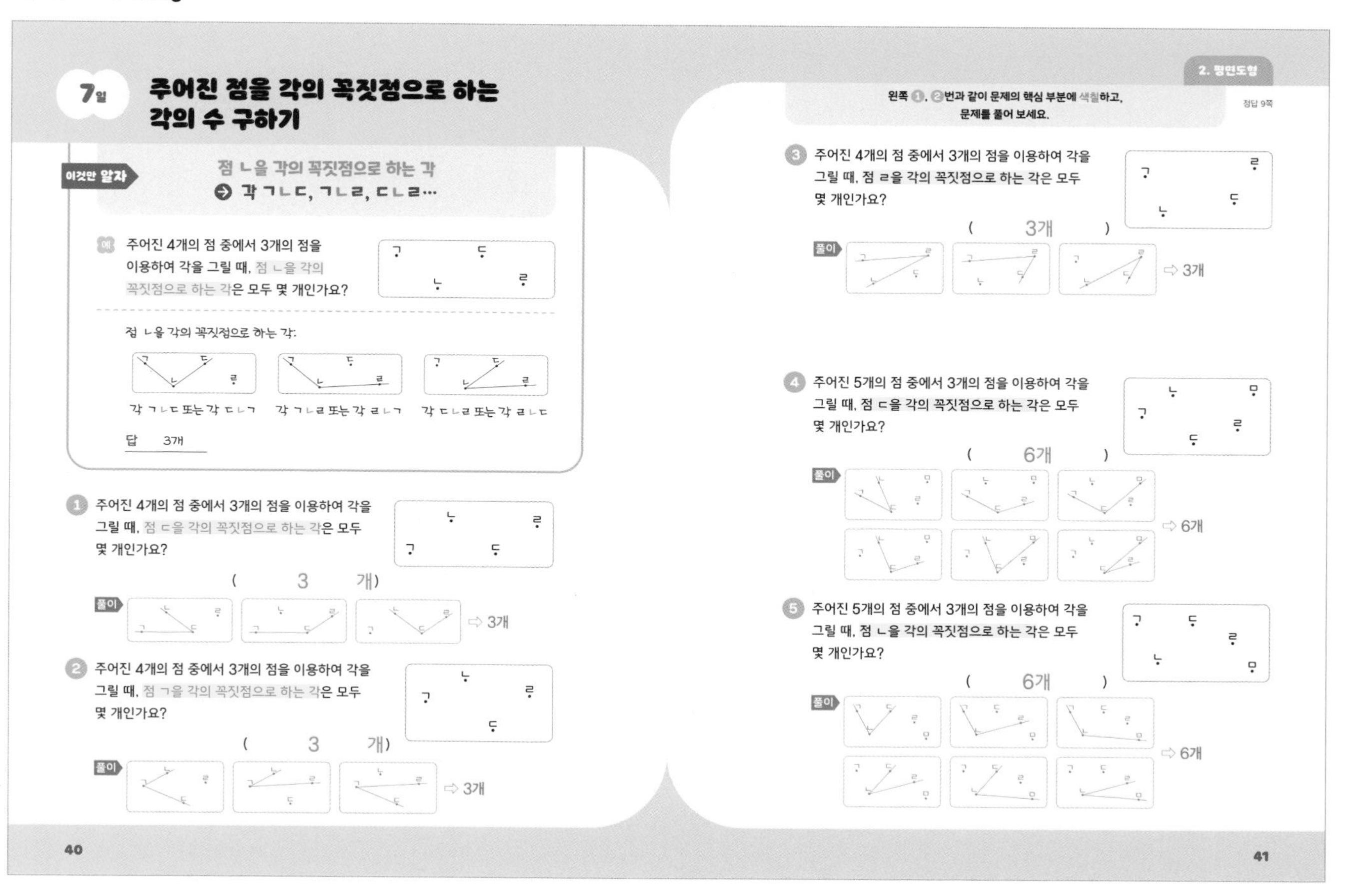

2. 평면도형

7일 주어진 점을 각의 꼭짓점으로 하는 각의 수 구하기

이것만 알자

점 ㄴ을 각의 꼭짓점으로 하는 각
➔ 각 ㄱㄴㄷ, ㄱㄴㄹ, ㄷㄴㄹ…

예 주어진 4개의 점 중에서 3개의 점을 이용하여 각을 그릴 때, 점 ㄴ을 각의 꼭짓점으로 하는 각은 모두 몇 개인가요?

점 ㄴ을 각의 꼭짓점으로 하는 각:

각 ㄱㄴㄷ 또는 각 ㄷㄴㄱ　각 ㄱㄴㄹ 또는 각 ㄹㄴㄱ　각 ㄷㄴㄹ 또는 각 ㄹㄴㄷ

답 3개

1 주어진 4개의 점 중에서 3개의 점을 이용하여 각을 그릴 때, 점 ㄷ을 각의 꼭짓점으로 하는 각은 모두 몇 개인가요?

(3 개)

풀이 ⇨ 3개

2 주어진 4개의 점 중에서 3개의 점을 이용하여 각을 그릴 때, 점 ㄱ을 각의 꼭짓점으로 하는 각은 모두 몇 개인가요?

(3 개)

풀이 ⇨ 3개

왼쪽 1, 2번과 같이 문제의 핵심 부분에 색칠하고, 문제를 풀어 보세요.

정답 9쪽

3 주어진 4개의 점 중에서 3개의 점을 이용하여 각을 그릴 때, 점 ㄹ을 각의 꼭짓점으로 하는 각은 모두 몇 개인가요?

(3개)

풀이 ⇨ 3개

4 주어진 5개의 점 중에서 3개의 점을 이용하여 각을 그릴 때, 점 ㄷ을 각의 꼭짓점으로 하는 각은 모두 몇 개인가요?

(6개)

풀이 ⇨ 6개

5 주어진 5개의 점 중에서 3개의 점을 이용하여 각을 그릴 때, 점 ㄴ을 각의 꼭짓점으로 하는 각은 모두 몇 개인가요?

(6개)

풀이 ⇨ 6개

40　41

42-43쪽

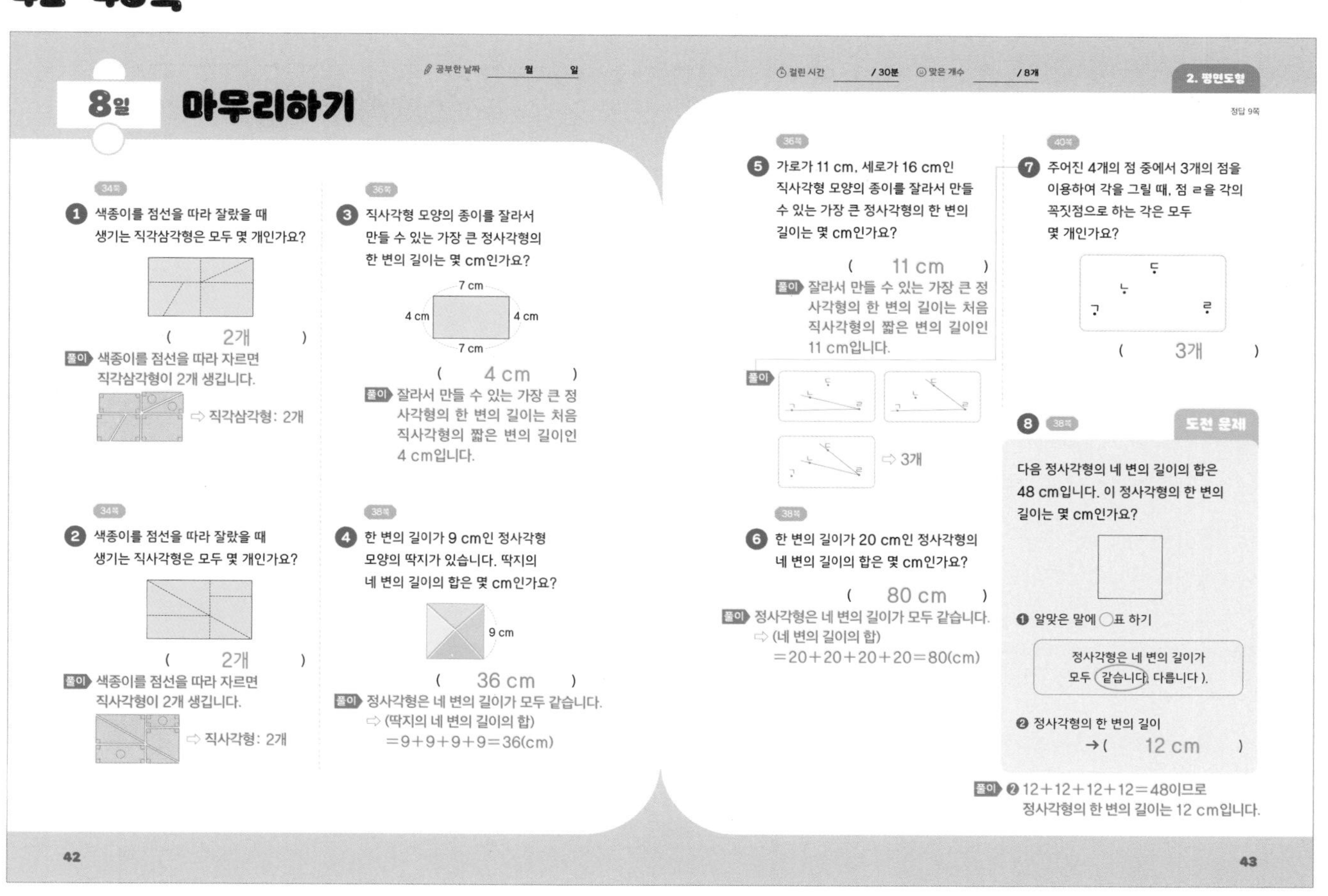

8일 마무리하기

공부한 날짜 월 일　걸린 시간 / 30분　맞은 개수 / 8개

2. 평면도형

정답 9쪽

1 (34쪽) 색종이를 점선을 따라 잘랐을 때 생기는 직각삼각형은 모두 몇 개인가요?

(2개)

풀이 색종이를 점선을 따라 자르면 직각삼각형이 2개 생깁니다.

⇨ 직각삼각형: 2개

2 (34쪽) 색종이를 점선을 따라 잘랐을 때 생기는 직사각형은 모두 몇 개인가요?

(2개)

풀이 색종이를 점선을 따라 자르면 직사각형이 2개 생깁니다.

⇨ 직사각형: 2개

3 (36쪽) 직사각형 모양의 종이를 잘라서 만들 수 있는 가장 큰 정사각형의 한 변의 길이는 몇 cm인가요?

7 cm, 4 cm

(4 cm)

풀이 잘라서 만들 수 있는 가장 큰 정사각형의 한 변의 길이는 처음 직사각형의 짧은 변의 길이인 4 cm입니다.

4 (38쪽) 한 변의 길이가 9 cm인 정사각형 모양의 딱지가 있습니다. 딱지의 네 변의 길이의 합은 몇 cm인가요?

9 cm

(36 cm)

풀이 정사각형은 네 변의 길이가 모두 같습니다.
⇨ (딱지의 네 변의 길이의 합)
=9+9+9+9=36(cm)

5 (36쪽) 가로가 11 cm, 세로가 16 cm인 직사각형 모양의 종이를 잘라서 만들 수 있는 가장 큰 정사각형의 한 변의 길이는 몇 cm인가요?

(11 cm)

풀이 잘라서 만들 수 있는 가장 큰 정사각형의 한 변의 길이는 처음 직사각형의 짧은 변의 길이인 11 cm입니다.

6 (38쪽) 한 변의 길이가 20 cm인 정사각형의 네 변의 길이의 합은 몇 cm인가요?

(80 cm)

풀이 정사각형은 네 변의 길이가 모두 같습니다.
⇨ (네 변의 길이의 합)
=20+20+20+20=80(cm)

7 (40쪽) 주어진 4개의 점 중에서 3개의 점을 이용하여 각을 그릴 때, 점 ㄹ을 각의 꼭짓점으로 하는 각은 모두 몇 개인가요?

(3개)

풀이 ⇨ 3개

8 (38쪽) 도전 문제

다음 정사각형의 네 변의 길이의 합은 48 cm입니다. 이 정사각형의 한 변의 길이는 몇 cm인가요?

❶ 알맞은 말에 ○표 하기

정사각형은 네 변의 길이가 모두 (같습니다, 다릅니다).

❷ 정사각형의 한 변의 길이
→ (12 cm)

풀이 ❷ 12+12+12+12=48이므로 정사각형의 한 변의 길이는 12 cm입니다.

42　43

3 나눗셈

46-47쪽

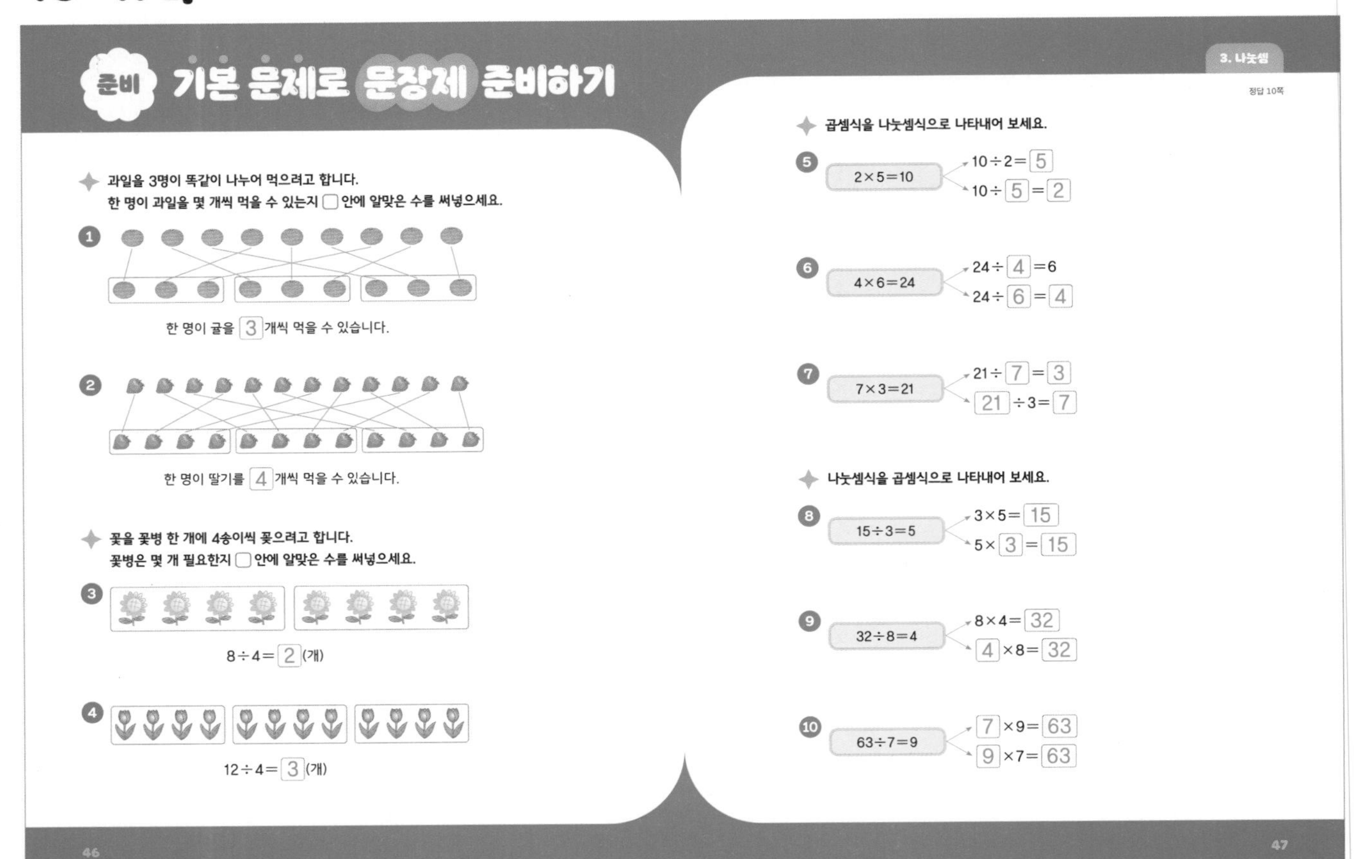

준비 기본 문제로 문장제 준비하기

3. 나눗셈

정답 10쪽

과일을 3명이 똑같이 나누어 먹으려고 합니다.
한 명이 과일을 몇 개씩 먹을 수 있는지 □ 안에 알맞은 수를 써넣으세요.

1 한 명이 귤을 3 개씩 먹을 수 있습니다.

2 한 명이 딸기를 4 개씩 먹을 수 있습니다.

꽃을 꽃병 한 개에 4송이씩 꽂으려고 합니다.
꽃병은 몇 개 필요한지 □ 안에 알맞은 수를 써넣으세요.

3 8÷4= 2 (개)

4 12÷4= 3 (개)

곱셈식을 나눗셈식으로 나타내어 보세요.

5 2×5=10 → 10÷2= 5, 10÷ 5 = 2

6 4×6=24 → 24÷ 4 =6, 24÷ 6 = 4

7 7×3=21 → 21÷ 7 = 3, 21 ÷3= 7

나눗셈식을 곱셈식으로 나타내어 보세요.

8 15÷3=5 → 3×5= 15, 5× 3 = 15

9 32÷8=4 → 8×4= 32, 4 ×8= 32

10 63÷7=9 → 7 ×9= 63, 9 ×7= 63

46 47

48-49쪽

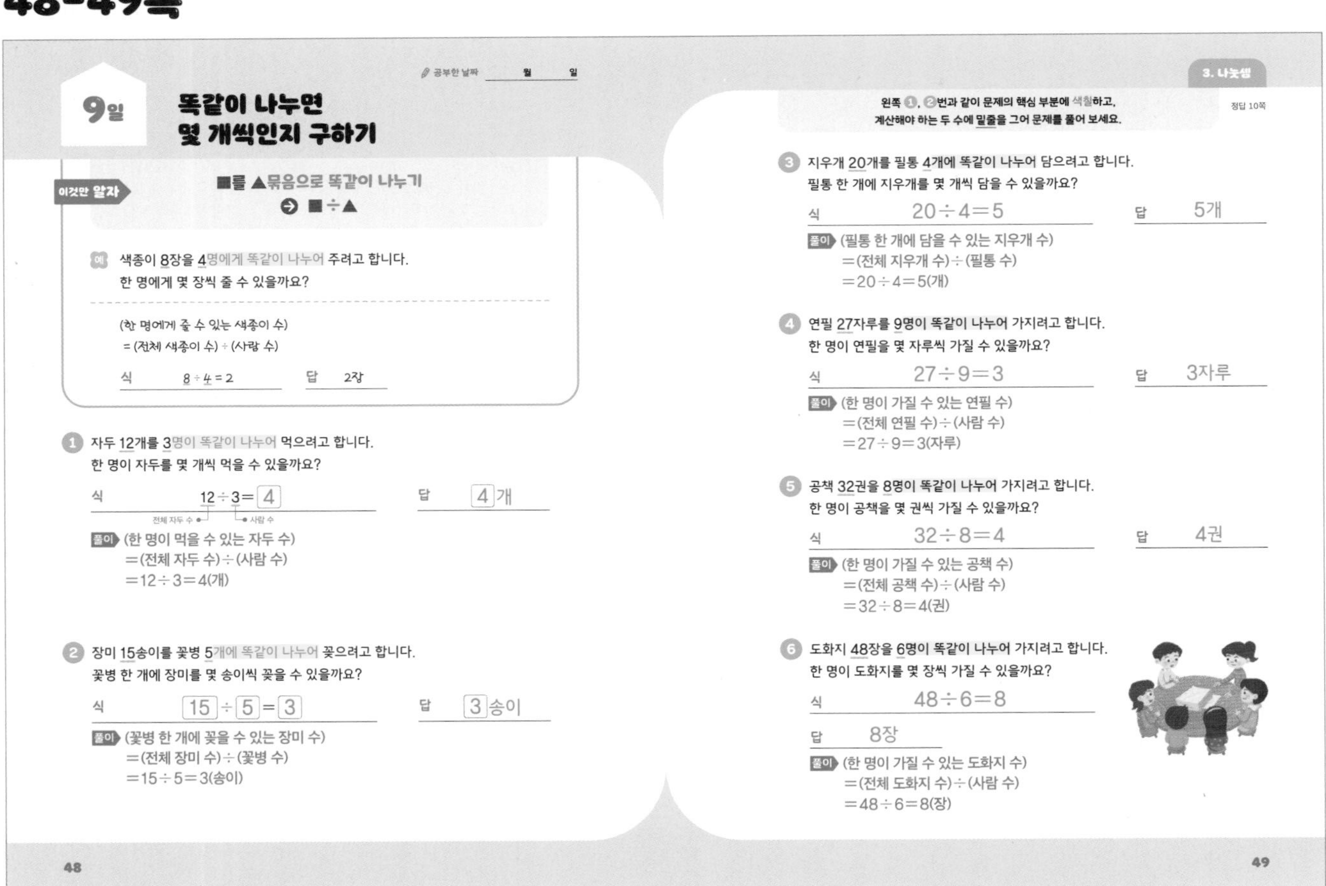

공부한 날짜 월 일

9일 똑같이 나누면 몇 개씩인지 구하기

이것만 알자 ■를 ▲묶음으로 똑같이 나누기 → ■÷▲

예 색종이 8장을 4명에게 똑같이 나누어 주려고 합니다.
한 명에게 몇 장씩 줄 수 있을까요?

(한 명에게 줄 수 있는 색종이 수)
=(전체 색종이 수)÷(사람 수)

식 8÷4=2 답 2장

1 자두 12개를 3명이 똑같이 나누어 먹으려고 합니다.
한 명이 자두를 몇 개씩 먹을 수 있을까요?

식 12÷3= 4 (전체 자두 수, 사람 수) 답 4 개

풀이 (한 명이 먹을 수 있는 자두 수)
=(전체 자두 수)÷(사람 수)
=12÷3=4(개)

2 장미 15송이를 꽃병 5개에 똑같이 나누어 꽂으려고 합니다.
꽃병 한 개에 장미를 몇 송이씩 꽂을 수 있을까요?

식 15 ÷ 5 = 3 답 3 송이

풀이 (꽃병 한 개에 꽂을 수 있는 장미 수)
=(전체 장미 수)÷(꽃병 수)
=15÷5=3(송이)

3. 나눗셈

왼쪽 1, 2번과 같이 문제의 핵심 부분에 색칠하고,
계산해야 하는 두 수에 밑줄을 그어 문제를 풀어 보세요.

정답 10쪽

3 지우개 20개를 필통 4개에 똑같이 나누어 담으려고 합니다.
필통 한 개에 지우개를 몇 개씩 담을 수 있을까요?

식 20÷4=5 답 5개

풀이 (필통 한 개에 담을 수 있는 지우개 수)
=(전체 지우개 수)÷(필통 수)
=20÷4=5(개)

4 연필 27자루를 9명이 똑같이 나누어 가지려고 합니다.
한 명이 연필을 몇 자루씩 가질 수 있을까요?

식 27÷9=3 답 3자루

풀이 (한 명이 가질 수 있는 연필 수)
=(전체 연필 수)÷(사람 수)
=27÷9=3(자루)

5 공책 32권을 8명이 똑같이 나누어 가지려고 합니다.
한 명이 공책을 몇 권씩 가질 수 있을까요?

식 32÷8=4 답 4권

풀이 (한 명이 가질 수 있는 공책 수)
=(전체 공책 수)÷(사람 수)
=32÷8=4(권)

6 도화지 48장을 6명이 똑같이 나누어 가지려고 합니다.
한 명이 도화지를 몇 장씩 가질 수 있을까요?

식 48÷6=8

답 8장

풀이 (한 명이 가질 수 있는 도화지 수)
=(전체 도화지 수)÷(사람 수)
=48÷6=8(장)

48 49

50-51쪽

9일 **같은 양이 몇 번인지 구하기**

3. 나눗셈

이것만 알자

■를 한 묶음에 ▲씩 나누기
➔ ■÷▲

예 치약 10개를 상자 한 개에 5개씩 담으려고 합니다.
상자는 몇 개 필요한가요?

(필요한 상자 수)
=(전체 치약 수)÷(상자 한 개에 담는 치약 수)

식 10÷5=2 답 2개

1. 야구공 14개를 주머니 한 개에 7개씩 담으려고 합니다. 주머니는 몇 개 필요한가요?

식 14÷7=2 답 2개

(전체 야구공 수, 주머니 한 개에 담는 야구공 수)

풀이 (필요한 주머니 수)
=(전체 야구공 수)÷(주머니 한 개에 담는 야구공 수)
=14÷7=2(개)

2. 스케치북 16권을 한 명에게 4권씩 주면 몇 명에게 나누어 줄 수 있을까요?

식 16÷4=4 답 4명

풀이 (나누어 줄 수 있는 사람 수)
=(전체 스케치북 수)÷(한 명에게 주는 스케치북 수)
=16÷4=4(명)

왼쪽 1, 2번과 같이 문제의 핵심 부분에 색칠하고, 계산해야 하는 두 수에 밑줄을 그어 문제를 풀어 보세요.

정답 11쪽

3. 초콜릿 21개를 상자 한 개에 3개씩 담으려고 합니다. 상자는 몇 개 필요한가요?

식 21÷3=7 답 7개

풀이 (필요한 상자 수)
=(전체 초콜릿 수)÷(상자 한 개에 담는 초콜릿 수)
=21÷3=7(개)

4. 강낭콩 30개를 화분 한 개에 6개씩 심으려고 합니다. 화분은 몇 개 필요한가요?

식 30÷6=5

답 5개

풀이 (필요한 화분 수)
=(전체 강낭콩 수)÷(화분 한 개에 심는 강낭콩 수)
=30÷6=5(개)

5. 구슬 45개를 한 명에게 9개씩 주면 몇 명에게 나누어 줄 수 있을까요?

식 45÷9=5 답 5명

풀이 (나누어 줄 수 있는 사람 수)
=(전체 구슬 수)÷(한 명에게 주는 구슬 수)
=45÷9=5(명)

6. 학생 56명이 있습니다. 한 모둠에 8명씩 모이면 몇 모둠이 될까요?

식 56÷8=7 답 7모둠

풀이 (모둠 수)
=(전체 학생 수)÷(한 모둠에 모이는 학생 수)
=56÷8=7(모둠)

52-53쪽

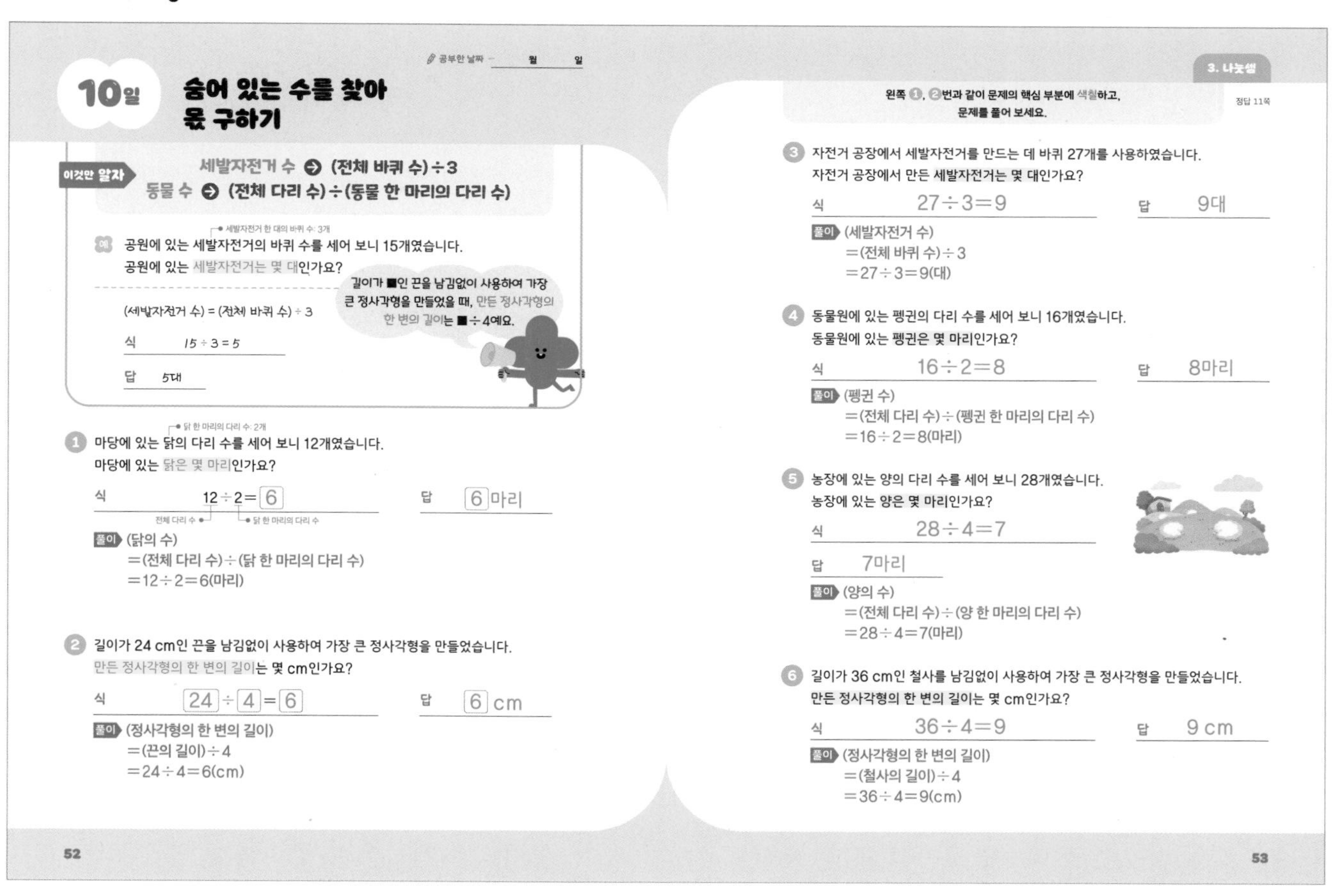

공부한 날짜 월 일

10일 **숨어 있는 수를 찾아 몫 구하기**

3. 나눗셈

이것만 알자

세발자전거 수 ➔ (전체 바퀴 수)÷3
동물 수 ➔ (전체 다리 수)÷(동물 한 마리의 다리 수)

예 공원에 있는 세발자전거의 바퀴 수를 세어 보니 15개였습니다. (세발자전거 한 대의 바퀴 수: 3개)
공원에 있는 세발자전거는 몇 대인가요?

(세발자전거 수)=(전체 바퀴 수)÷3

식 15÷3=5

답 5대

길이가 ■인 끈을 남김없이 사용하여 가장 큰 정사각형을 만들었을 때, 만든 정사각형의 한 변의 길이는 ■÷4예요.

1. 마당에 있는 닭의 다리 수를 세어 보니 12개였습니다. (닭 한 마리의 다리 수: 2개)
마당에 있는 닭은 몇 마리인가요?

식 12÷2=6 답 6마리

(전체 다리 수, 닭 한 마리의 다리 수)

풀이 (닭의 수)
=(전체 다리 수)÷(닭 한 마리의 다리 수)
=12÷2=6(마리)

2. 길이가 24 cm인 끈을 남김없이 사용하여 가장 큰 정사각형을 만들었습니다.
만든 정사각형의 한 변의 길이는 몇 cm인가요?

식 24÷4=6 답 6 cm

풀이 (정사각형의 한 변의 길이)
=(끈의 길이)÷4
=24÷4=6(cm)

왼쪽 1, 2번과 같이 문제의 핵심 부분에 색칠하고, 문제를 풀어 보세요.

정답 11쪽

3. 자전거 공장에서 세발자전거를 만드는 데 바퀴 27개를 사용하였습니다.
자전거 공장에서 만든 세발자전거는 몇 대인가요?

식 27÷3=9 답 9대

풀이 (세발자전거 수)
=(전체 바퀴 수)÷3
=27÷3=9(대)

4. 동물원에 있는 펭귄의 다리 수를 세어 보니 16개였습니다.
동물원에 있는 펭귄은 몇 마리인가요?

식 16÷2=8 답 8마리

풀이 (펭귄 수)
=(전체 다리 수)÷(펭귄 한 마리의 다리 수)
=16÷2=8(마리)

5. 농장에 있는 양의 다리 수를 세어 보니 28개였습니다.
농장에 있는 양은 몇 마리인가요?

식 28÷4=7

답 7마리

풀이 (양의 수)
=(전체 다리 수)÷(양 한 마리의 다리 수)
=28÷4=7(마리)

6. 길이가 36 cm인 철사를 남김없이 사용하여 가장 큰 정사각형을 만들었습니다.
만든 정사각형의 한 변의 길이는 몇 cm인가요?

식 36÷4=9 답 9 cm

풀이 (정사각형의 한 변의 길이)
=(철사의 길이)÷4
=36÷4=9(cm)

54-55쪽

10일 어떤 수 구하기(1)

이것만 알자 어떤 수(□)를 ▲로 나누었더니 몫이 ● ➔ □÷▲=●
곱셈식으로 나타내면 ➔ ●×▲=□

예 어떤 수를 3으로 나누었더니 몫이 8이 되었습니다. 어떤 수는 얼마인가요?

❶ 어떤 수를 □라 하여 나눗셈식을 만듭니다.
□÷3=8
❷ 나눗셈식을 곱셈식으로 나타내어 어떤 수를 구합니다.
□÷3=8 ⇨ 8×3=□, □=24

답 24

1 어떤 수를 5로 나누었더니 몫이 7이 되었습니다. 어떤 수는 얼마인가요?

풀이
■÷5=7
⇨ 7×5=■, ■=35

답 35

2 어떤 수를 8로 나누었더니 몫이 5가 되었습니다. 어떤 수는 얼마인가요?

풀이
■÷8=5
⇨ 5×8=■, ■=40

답 40

어떤 수 구하기(2)

정답 12쪽

이것만 알자 ▲를 어떤 수(□)로 나누었더니 몫이 ● ➔ ▲÷□=●
다른 나눗셈식으로 나타내면 ➔ ▲÷●=□

예 28을 어떤 수로 나누었더니 몫이 7이 되었습니다. 어떤 수는 얼마인가요?

❶ 어떤 수를 □라 하여 나눗셈식을 만듭니다.
28÷□=7
❷ 나눗셈식을 다른 나눗셈식으로 나타내어 어떤 수를 구합니다.
28÷□=7 ⇨ 28÷7=□, □=4

답 4

1 42를 어떤 수로 나누었더니 몫이 6이 되었습니다. 어떤 수는 얼마인가요?

풀이
42÷■=6
⇨ 42÷6=■, ■=7

답 7

2 54를 어떤 수로 나누었더니 몫이 9가 되었습니다. 어떤 수는 얼마인가요?

풀이
54÷■=9
⇨ 54÷9=■, ■=6

답 6

54 55

56-57쪽

공부한 날짜 월 일 걸린 시간 / 30분 맞은 개수 / 8개

11일 마무리하기

3. 나눗셈

정답 12쪽

1 (48쪽) 물고기 9마리를 어항 3개에 똑같이 나누어 넣으려고 합니다. 어항 한 개에 물고기를 몇 마리씩 넣을 수 있을까요?

(3마리)

풀이 (어항 한 개에 넣을 수 있는 물고기 수)
=(전체 물고기 수)÷(어항 수)
=9÷3=3(마리)

2 (50쪽) 레몬 20개를 바구니 한 개에 5개씩 담으려고 합니다. 바구니는 몇 개 필요한가요?

(4개)

풀이 (필요한 바구니 수)
=(전체 레몬 수)
÷(바구니 한 개에 담는 레몬 수)
=20÷5=4(개)

3 (50쪽) 귤 35개를 한 명에게 7개씩 주면 몇 명에게 나누어 줄 수 있을까요?

(5명)

풀이 (나누어 줄 수 있는 사람 수)
=(전체 귤의 수)÷(한 명에게 주는 귤의 수)
=35÷7=5(명)

4 (52쪽) 동물원에 있는 타조의 다리 수를 세어 보니 14개였습니다. 동물원에 있는 타조는 몇 마리인가요?

(7마리)

풀이 (타조 수)
=(전체 다리 수)÷(타조 한 마리의 다리 수)
=14÷2=7(마리)

5 (52쪽) 길이가 32 cm인 끈을 남김없이 사용하여 가장 큰 정사각형을 만들었습니다. 만든 정사각형의 한 변의 길이는 몇 cm인가요?

(8 cm)

풀이 (정사각형의 한 변의 길이)
=(끈의 길이)÷4
=32÷4=8(cm)

6 (54쪽) 어떤 수를 9로 나누었더니 몫이 5가 되었습니다. 어떤 수는 얼마인가요?

(45)

풀이 어떤 수를 □라 하면
□÷9=5
⇨ 5×9=□, □=45입니다.

7 (55쪽) 72를 어떤 수로 나누었더니 몫이 8이 되었습니다. 어떤 수는 얼마인가요?

(9)

풀이 어떤 수를 □라 하면
72÷□=8
⇨ 72÷8=□, □=9입니다.

8 (48쪽) 도전 문제

준희네 모둠 6명이 사탕 24개와 초콜릿 36개를 각각 똑같이 나누어 가지려고 합니다. 한 명이 가질 수 있는 사탕과 초콜릿은 각각 몇 개인가요?

❶ 한 명이 가질 수 있는 사탕 수
→ (4개)

❷ 한 명이 가질 수 있는 초콜릿 수
→ (6개)

풀이 ❶ (한 명이 가질 수 있는 사탕 수)=24÷6=4(개)
❷ (한 명이 가질 수 있는 초콜릿 수)=36÷6=6(개)

56 57

4 곱셈

60-61쪽

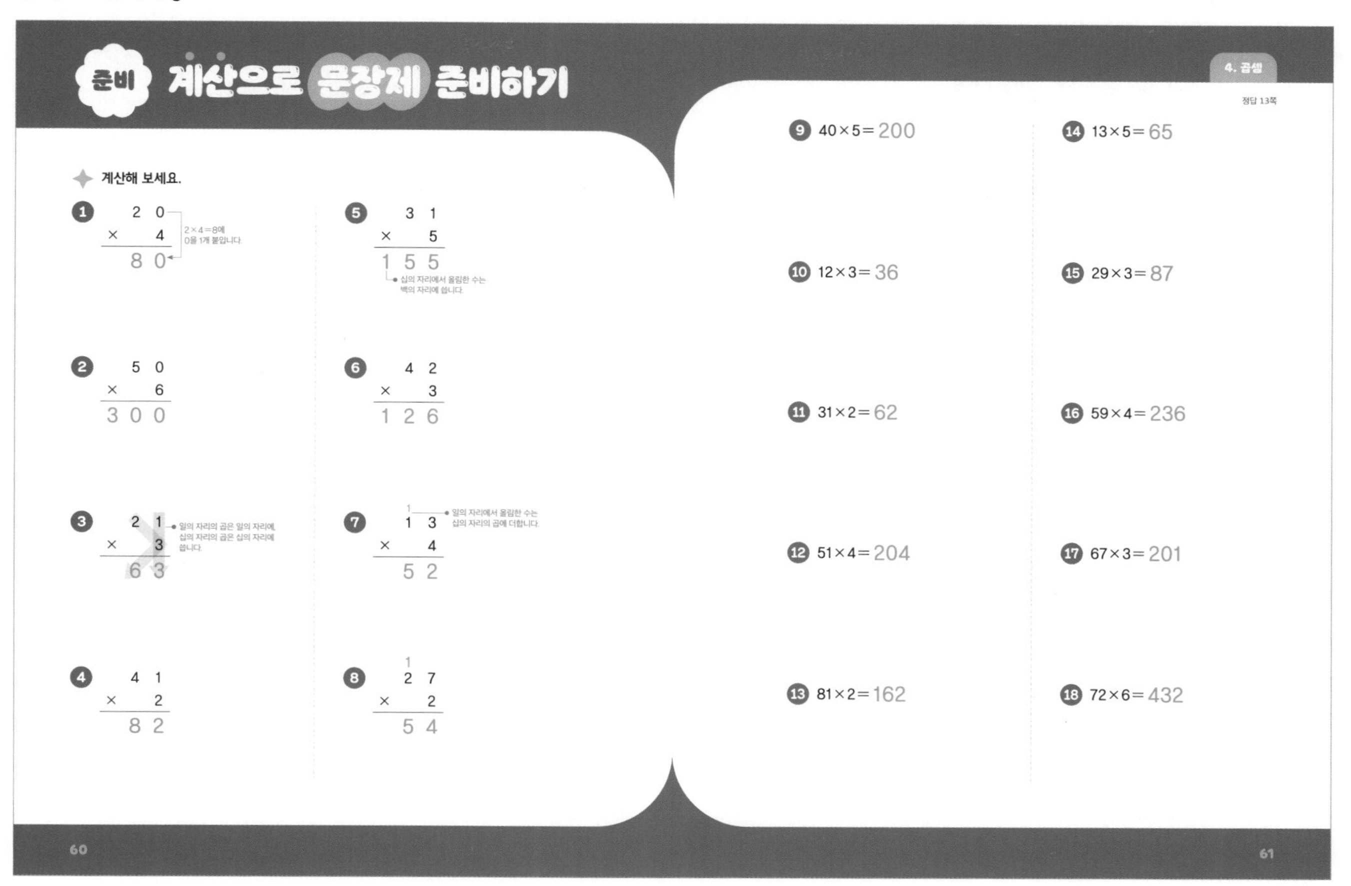

준비 계산으로 문장제 준비하기

4. 곱셈

정답 13쪽

계산해 보세요.

① $20 \times 4 = 80$ (2×4=8에 0을 1개 붙입니다.)

② $50 \times 6 = 300$

③ $21 \times 3 = 63$ (일의 자리의 곱은 일의 자리에, 십의 자리의 곱은 십의 자리에 씁니다.)

④ $41 \times 2 = 82$

⑤ $31 \times 5 = 155$ (십의 자리에서 올림한 수는 백의 자리에 씁니다.)

⑥ $42 \times 3 = 126$

⑦ $13 \times 4 = 52$ (일의 자리에서 올림한 수는 십의 자리의 곱에 더합니다.)

⑧ $27 \times 2 = 54$

⑨ $40 \times 5 = 200$

⑩ $12 \times 3 = 36$

⑪ $31 \times 2 = 62$

⑫ $51 \times 4 = 204$

⑬ $81 \times 2 = 162$

⑭ $13 \times 5 = 65$

⑮ $29 \times 3 = 87$

⑯ $59 \times 4 = 236$

⑰ $67 \times 3 = 201$

⑱ $72 \times 6 = 432$

60 61

62-63쪽

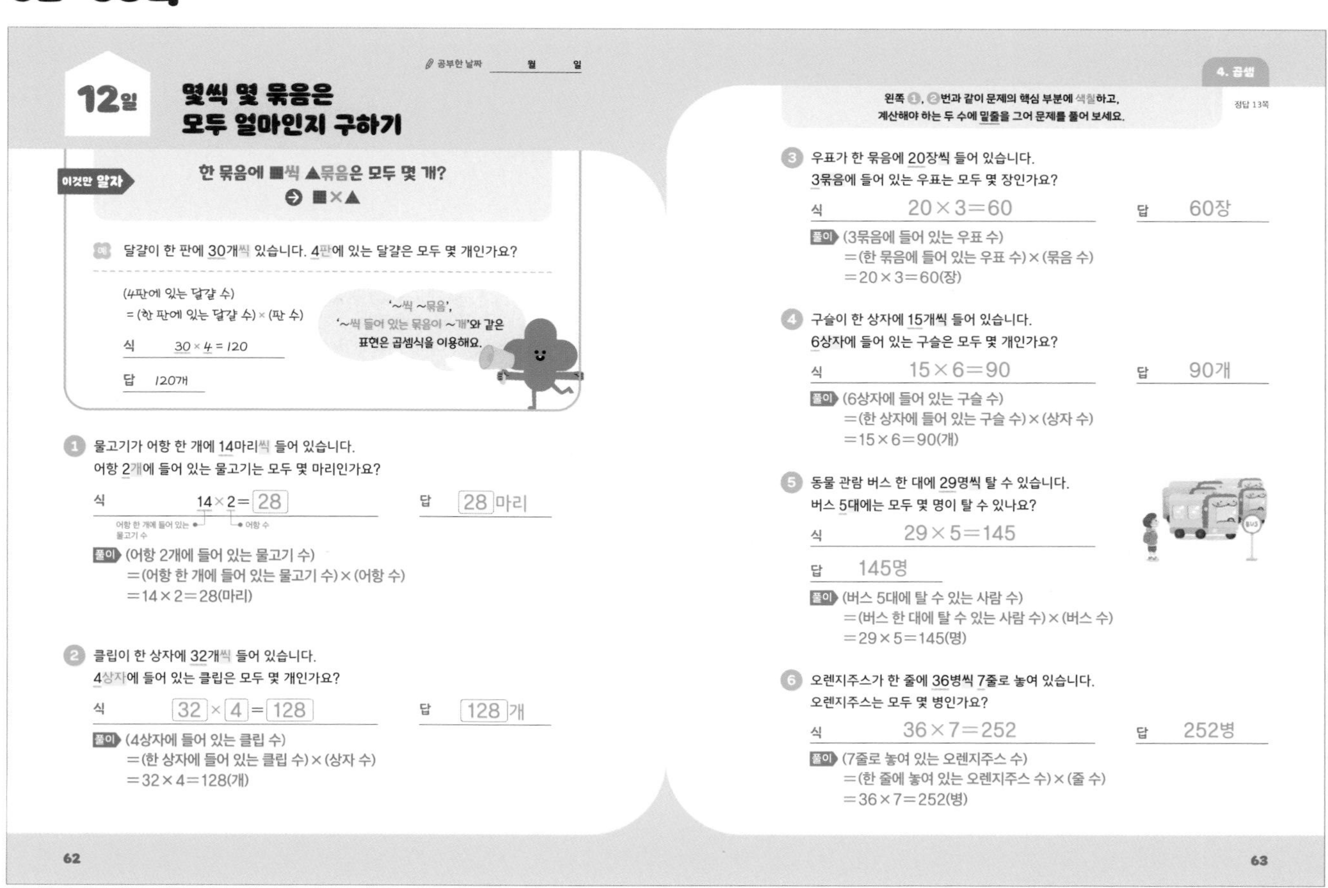

공부한 날짜 월 일

12일 몇씩 몇 묶음은 모두 얼마인지 구하기

4. 곱셈

이것만 알자 한 묶음에 ■씩 ▲묶음은 모두 몇 개? → ■×▲

예 달걀이 한 판에 30개씩 있습니다. 4판에 있는 달걀은 모두 몇 개인가요?

(4판에 있는 달걀 수)
=(한 판에 있는 달걀 수)×(판 수)

식 $30 \times 4 = 120$

답 120개

'~씩 ~묶음', '~씩 들어 있는 묶음이 ~개'와 같은 표현은 곱셈식을 이용해요.

① 물고기가 어항 한 개에 14마리씩 들어 있습니다. 어항 2개에 들어 있는 물고기는 모두 몇 마리인가요?

식 $14 \times 2 = 28$ (어항 한 개에 들어 있는 물고기 수, 어항 수) 답 28마리

풀이 (어항 2개에 들어 있는 물고기 수)
=(어항 한 개에 들어 있는 물고기 수)×(어항 수)
=14×2=28(마리)

② 클립이 한 상자에 32개씩 들어 있습니다. 4상자에 들어 있는 클립은 모두 몇 개인가요?

식 $32 \times 4 = 128$ 답 128개

풀이 (4상자에 들어 있는 클립 수)
=(한 상자에 들어 있는 클립 수)×(상자 수)
=32×4=128(개)

왼쪽 ①, ②번과 같이 문제의 핵심 부분에 색칠하고, 계산해야 하는 두 수에 밑줄을 그어 문제를 풀어 보세요.

정답 13쪽

③ 우표가 한 묶음에 20장씩 들어 있습니다. 3묶음에 들어 있는 우표는 모두 몇 장인가요?

식 $20 \times 3 = 60$ 답 60장

풀이 (3묶음에 들어 있는 우표 수)
=(한 묶음에 들어 있는 우표 수)×(묶음 수)
=20×3=60(장)

④ 구슬이 한 상자에 15개씩 들어 있습니다. 6상자에 들어 있는 구슬은 모두 몇 개인가요?

식 $15 \times 6 = 90$ 답 90개

풀이 (6상자에 들어 있는 구슬 수)
=(한 상자에 들어 있는 구슬 수)×(상자 수)
=15×6=90(개)

⑤ 동물 관람 버스 한 대에 29명씩 탈 수 있습니다. 버스 5대에는 모두 몇 명이 탈 수 있나요?

식 $29 \times 5 = 145$

답 145명

풀이 (버스 5대에 탈 수 있는 사람 수)
=(버스 한 대에 탈 수 있는 사람 수)×(버스 수)
=29×5=145(명)

⑥ 오렌지주스가 한 줄에 36병씩 7줄로 놓여 있습니다. 오렌지주스는 모두 몇 병인가요?

식 $36 \times 7 = 252$ 답 252병

풀이 (7줄로 놓여 있는 오렌지주스 수)
=(한 줄에 놓여 있는 오렌지주스 수)×(줄 수)
=36×7=252(병)

62 63

4 곱셈

64-65쪽

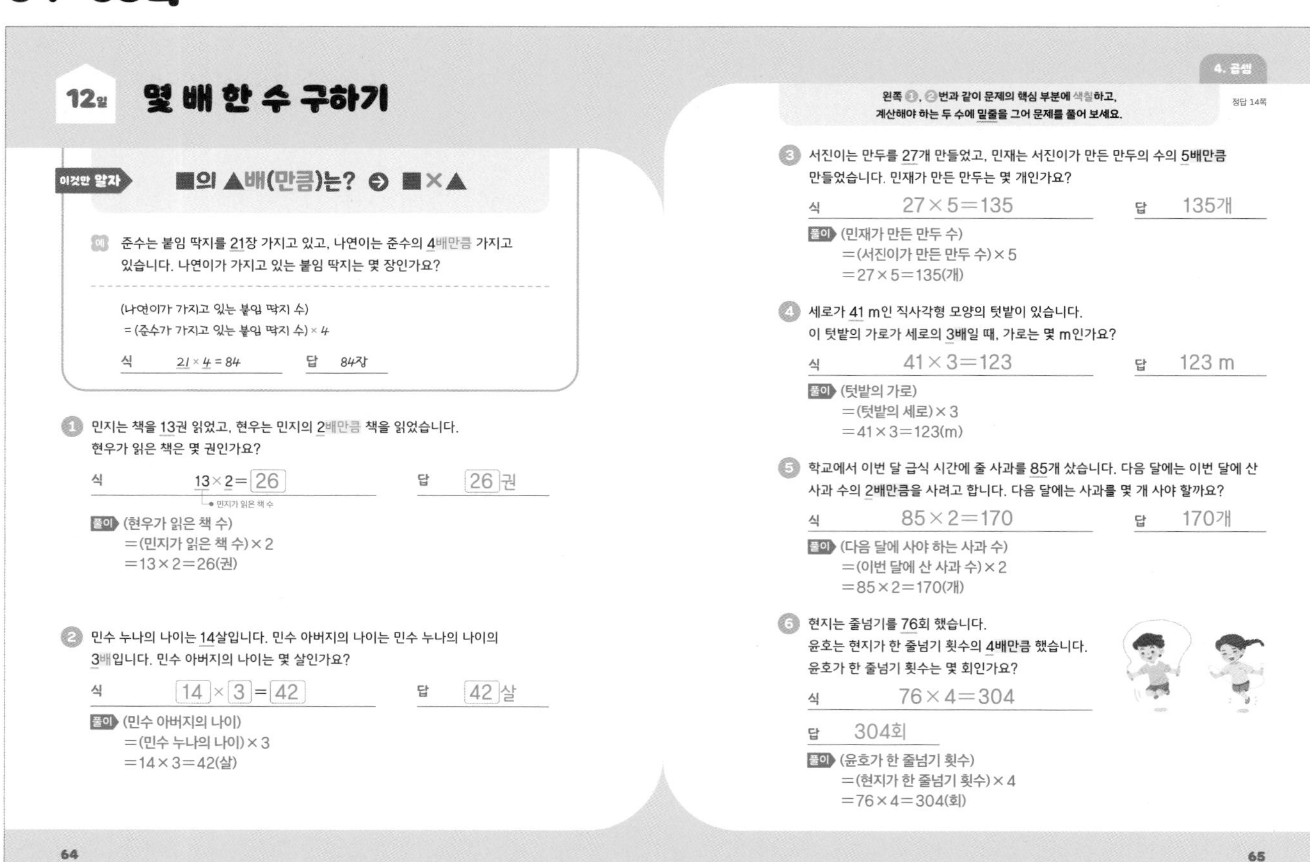

4. 곱셈

12일 몇 배 한 수 구하기

이것만 알자 ■의 ▲배(만큼)는? ➔ ■×▲

예 준수는 붙임 딱지를 21장 가지고 있고, 나연이는 준수의 4배만큼 가지고 있습니다. 나연이가 가지고 있는 붙임 딱지는 몇 장인가요?

(나연이가 가지고 있는 붙임 딱지 수)
=(준수가 가지고 있는 붙임 딱지 수)×4

식 21×4=84 답 84장

1. 민지는 책을 13권 읽었고, 현우는 민지의 2배만큼 책을 읽었습니다. 현우가 읽은 책은 몇 권인가요?

식 13×2=26 (민지가 읽은 책 수) 답 26권

풀이 (현우가 읽은 책 수)
=(민지가 읽은 책 수)×2
=13×2=26(권)

2. 민수 누나의 나이는 14살입니다. 민수 아버지의 나이는 민수 누나의 나이의 3배입니다. 민수 아버지의 나이는 몇 살인가요?

식 14×3=42 답 42살

풀이 (민수 아버지의 나이)
=(민수 누나의 나이)×3
=14×3=42(살)

왼쪽 1, 2번과 같이 문제의 핵심 부분에 색칠하고, 계산해야 하는 두 수에 밑줄을 그어 문제를 풀어 보세요.

정답 14쪽

3. 서진이는 만두를 27개 만들었고, 민재는 서진이가 만든 만두의 수의 5배만큼 만들었습니다. 민재가 만든 만두는 몇 개인가요?

식 27×5=135 답 135개

풀이 (민재가 만든 만두 수)
=(서진이가 만든 만두 수)×5
=27×5=135(개)

4. 세로가 41 m인 직사각형 모양의 텃밭이 있습니다. 이 텃밭의 가로가 세로의 3배일 때, 가로는 몇 m인가요?

식 41×3=123 답 123 m

풀이 (텃밭의 가로)
=(텃밭의 세로)×3
=41×3=123(m)

5. 학교에서 이번 달 급식 시간에 줄 사과를 85개 샀습니다. 다음 달에는 이번 달에 산 사과 수의 2배만큼을 사려고 합니다. 다음 달에는 사과를 몇 개 사야 할까요?

식 85×2=170 답 170개

풀이 (다음 달에 사야 하는 사과 수)
=(이번 달에 산 사과 수)×2
=85×2=170(개)

6. 현지는 줄넘기를 76회 했습니다. 윤호는 현지가 한 줄넘기 횟수의 4배만큼 했습니다. 윤호가 한 줄넘기 횟수는 몇 회인가요?

식 76×4=304

답 304회

풀이 (윤호가 한 줄넘기 횟수)
=(현지가 한 줄넘기 횟수)×4
=76×4=304(회)

64 65

66-67쪽

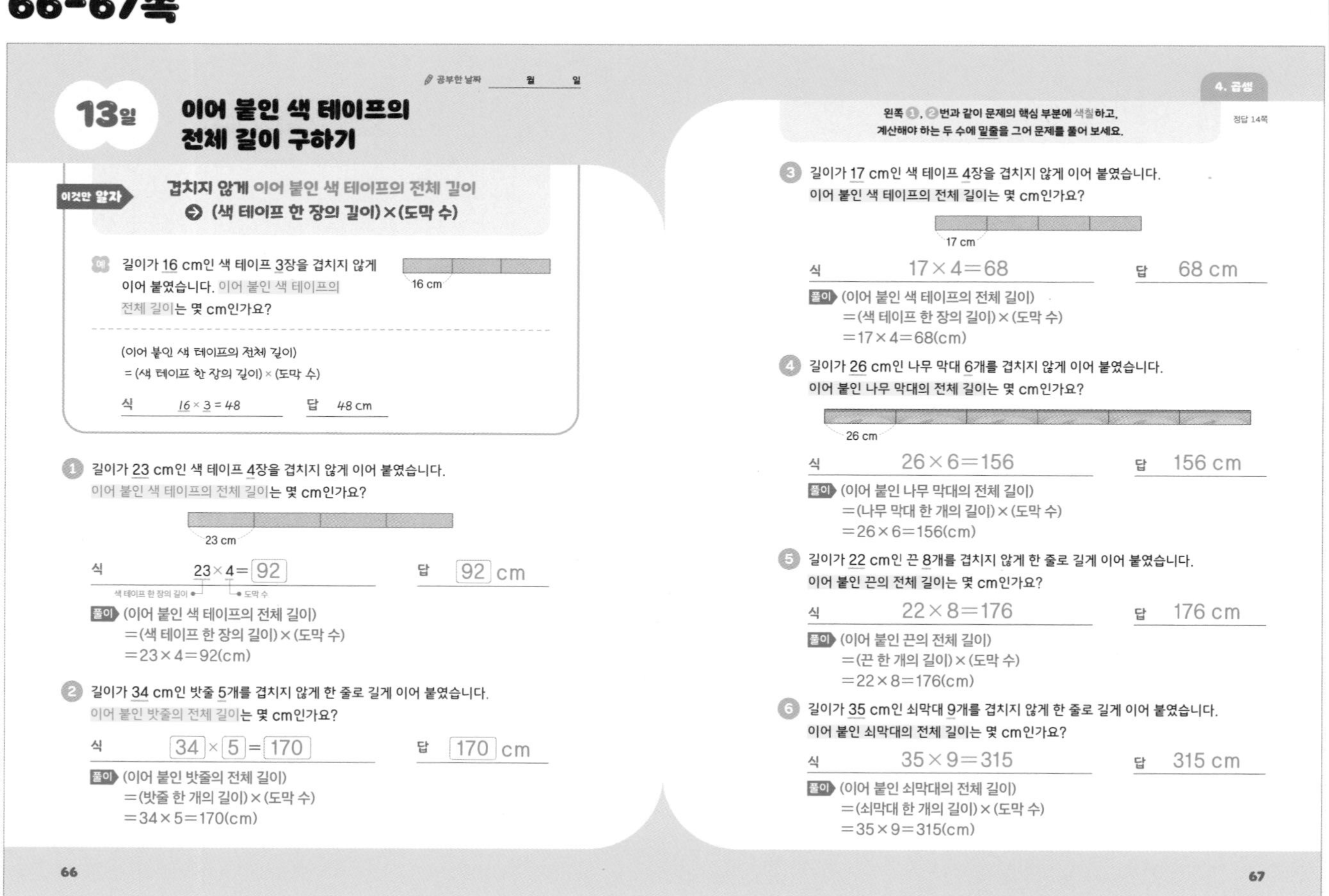

공부한 날짜 월 일

4. 곱셈

13일 이어 붙인 색 테이프의 전체 길이 구하기

이것만 알자 겹치지 않게 이어 붙인 색 테이프의 전체 길이
➔ (색 테이프 한 장의 길이)×(도막 수)

예 길이가 16 cm인 색 테이프 3장을 겹치지 않게 이어 붙였습니다. 이어 붙인 색 테이프의 전체 길이는 몇 cm인가요?

16 cm

(이어 붙인 색 테이프의 전체 길이)
=(색 테이프 한 장의 길이)×(도막 수)

식 16×3=48 답 48 cm

1. 길이가 23 cm인 색 테이프 4장을 겹치지 않게 이어 붙였습니다. 이어 붙인 색 테이프의 전체 길이는 몇 cm인가요?

23 cm

식 23×4=92 (색 테이프 한 장의 길이, 도막 수) 답 92 cm

풀이 (이어 붙인 색 테이프의 전체 길이)
=(색 테이프 한 장의 길이)×(도막 수)
=23×4=92(cm)

2. 길이가 34 cm인 밧줄 5개를 겹치지 않게 한 줄로 길게 이어 붙였습니다. 이어 붙인 밧줄의 전체 길이는 몇 cm인가요?

식 34×5=170 답 170 cm

풀이 (이어 붙인 밧줄의 전체 길이)
=(밧줄 한 개의 길이)×(도막 수)
=34×5=170(cm)

왼쪽 1, 2번과 같이 문제의 핵심 부분에 색칠하고, 계산해야 하는 두 수에 밑줄을 그어 문제를 풀어 보세요.

정답 14쪽

3. 길이가 17 cm인 색 테이프 4장을 겹치지 않게 이어 붙였습니다. 이어 붙인 색 테이프의 전체 길이는 몇 cm인가요?

17 cm

식 17×4=68 답 68 cm

풀이 (이어 붙인 색 테이프의 전체 길이)
=(색 테이프 한 장의 길이)×(도막 수)
=17×4=68(cm)

4. 길이가 26 cm인 나무 막대 6개를 겹치지 않게 이어 붙였습니다. 이어 붙인 나무 막대의 전체 길이는 몇 cm인가요?

26 cm

식 26×6=156 답 156 cm

풀이 (이어 붙인 나무 막대의 전체 길이)
=(나무 막대 한 개의 길이)×(도막 수)
=26×6=156(cm)

5. 길이가 22 cm인 끈 8개를 겹치지 않게 한 줄로 길게 이어 붙였습니다. 이어 붙인 끈의 전체 길이는 몇 cm인가요?

식 22×8=176 답 176 cm

풀이 (이어 붙인 끈의 전체 길이)
=(끈 한 개의 길이)×(도막 수)
=22×8=176(cm)

6. 길이가 35 cm인 쇠막대 9개를 겹치지 않게 한 줄로 길게 이어 붙였습니다. 이어 붙인 쇠막대의 전체 길이는 몇 cm인가요?

식 35×9=315 답 315 cm

풀이 (이어 붙인 쇠막대의 전체 길이)
=(쇠막대 한 개의 길이)×(도막 수)
=35×9=315(cm)

66 67

68-69쪽

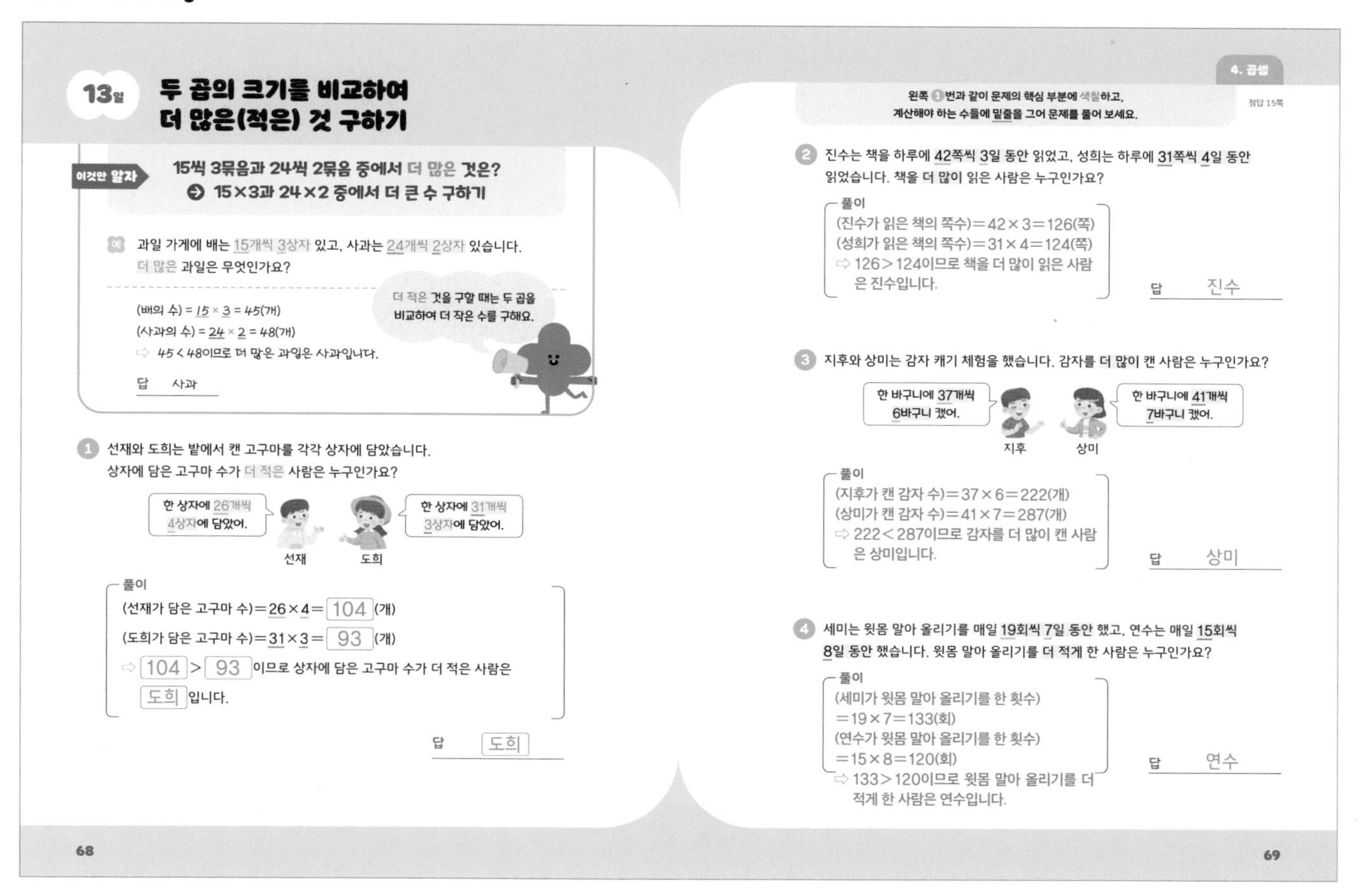
4. 곱셈

13일 두 곱의 크기를 비교하여 더 많은(적은) 것 구하기

이것만 알자 15씩 3묶음과 24씩 2묶음 중에서 더 많은 것은?
➔ 15×3과 24×2 중에서 더 큰 수 구하기

예 과일 가게에 배는 15개씩 3상자 있고, 사과는 24개씩 2상자 있습니다. 더 많은 과일은 무엇인가요?

(배의 수) = 15 × 3 = 45(개)
(사과의 수) = 24 × 2 = 48(개)
⇨ 45 < 48이므로 더 많은 과일은 사과입니다.

답 사과

더 적은 것을 구할 때는 두 곱을 비교하여 더 작은 수를 구해요.

1 선재와 도희는 밭에서 캔 고구마를 각각 상자에 담았습니다. 상자에 담은 고구마 수가 더 적은 사람은 누구인가요?

선재: 한 상자에 26개씩 4상자에 담았어.
도희: 한 상자에 31개씩 3상자에 담았어.

풀이
(선재가 담은 고구마 수)=26×4=104(개)
(도희가 담은 고구마 수)=31×3=93(개)
⇨ 104>93이므로 상자에 담은 고구마 수가 더 적은 사람은 도희입니다.

답 도희

왼쪽 ①번과 같이 문제의 핵심 부분에 색칠하고, 계산해야 하는 수들에 밑줄을 그어 문제를 풀어 보세요.

정답 15쪽

2 진수는 책을 하루에 42쪽씩 3일 동안 읽었고, 성희는 하루에 31쪽씩 4일 동안 읽었습니다. 책을 더 많이 읽은 사람은 누구인가요?

풀이
(진수가 읽은 책의 쪽수)=42×3=126(쪽)
(성희가 읽은 책의 쪽수)=31×4=124(쪽)
⇨ 126>124이므로 책을 더 많이 읽은 사람은 진수입니다.

답 진수

3 지후와 상미는 감자 캐기 체험을 했습니다. 감자를 더 많이 캔 사람은 누구인가요?

지후: 한 바구니에 37개씩 6바구니 캤어.
상미: 한 바구니에 41개씩 7바구니 캤어.

풀이
(지후가 캔 감자 수)=37×6=222(개)
(상미가 캔 감자 수)=41×7=287(개)
⇨ 222<287이므로 감자를 더 많이 캔 사람은 상미입니다.

답 상미

4 세미는 윗몸 말아 올리기를 매일 19회씩 7일 동안 했고, 연수는 매일 15회씩 8일 동안 했습니다. 윗몸 말아 올리기를 더 적게 한 사람은 누구인가요?

풀이
(세미가 윗몸 말아 올리기를 한 횟수)
=19×7=133(회)
(연수가 윗몸 말아 올리기를 한 횟수)
=15×8=120(회)
⇨ 133>120이므로 윗몸 말아 올리기를 더 적게 한 사람은 연수입니다.

답 연수

68 69

70-71쪽

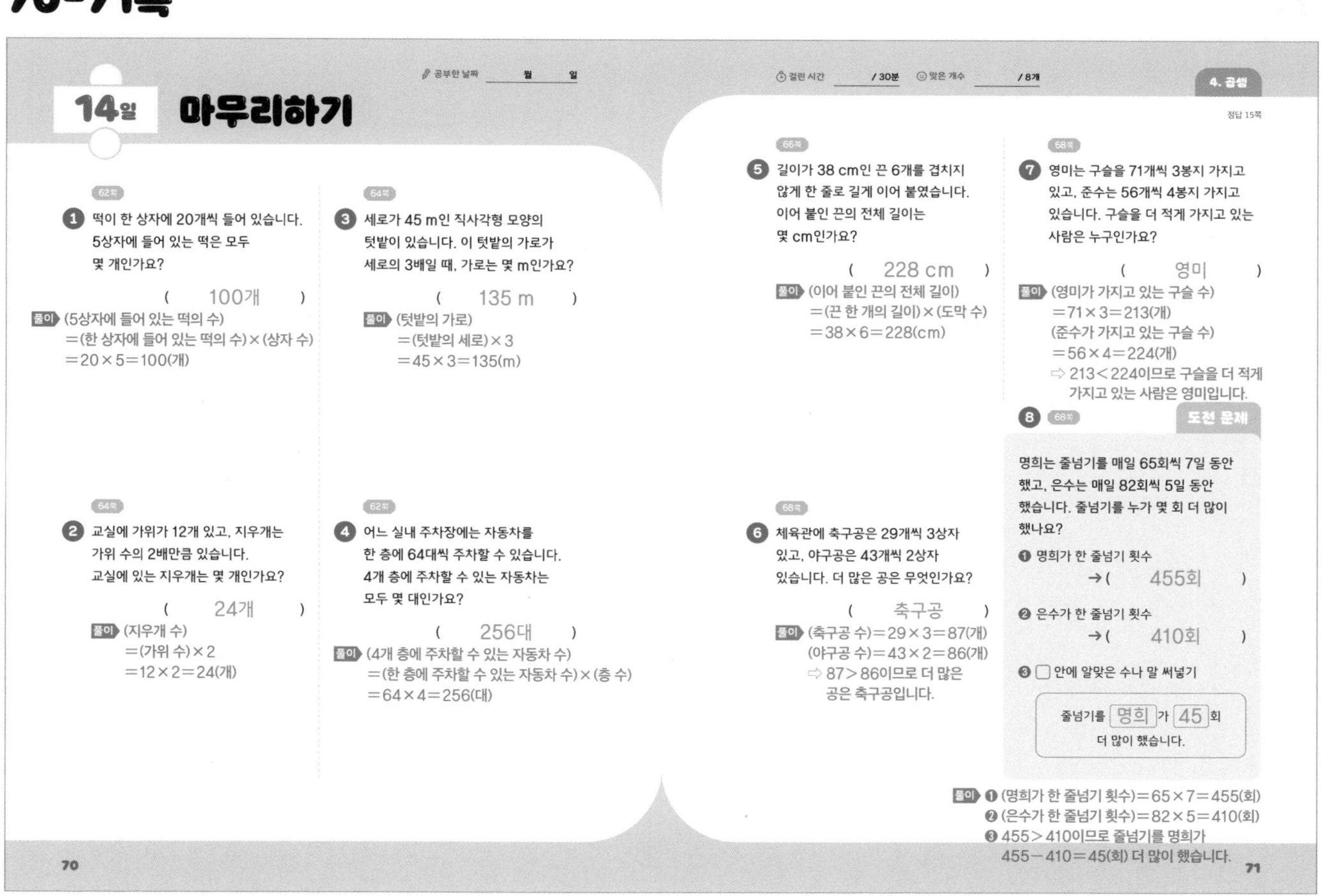
공부한 날짜 월 일 걸린 시간 /30분 맞은 개수 /8개

4. 곱셈

14일 마무리하기

정답 15쪽

1 (62쪽) 떡이 한 상자에 20개씩 들어 있습니다. 5상자에 들어 있는 떡은 모두 몇 개인가요?
(100개)
풀이 (5상자에 들어 있는 떡의 수)
=(한 상자에 들어 있는 떡의 수)×(상자 수)
=20×5=100(개)

2 (64쪽) 교실에 가위가 12개 있고, 지우개는 가위 수의 2배만큼 있습니다. 교실에 있는 지우개는 몇 개인가요?
(24개)
풀이 (지우개 수)
=(가위 수)×2
=12×2=24(개)

3 (64쪽) 세로가 45 m인 직사각형 모양의 텃밭이 있습니다. 이 텃밭의 가로가 세로의 3배일 때, 가로는 몇 m인가요?
(135 m)
풀이 (텃밭의 가로)
=(텃밭의 세로)×3
=45×3=135(m)

4 (62쪽) 어느 실내 주차장에는 자동차를 한 층에 64대씩 주차할 수 있습니다. 4개 층에 주차할 수 있는 자동차는 모두 몇 대인가요?
(256대)
풀이 (4개 층에 주차할 수 있는 자동차 수)
=(한 층에 주차할 수 있는 자동차 수)×(층 수)
=64×4=256(대)

5 (66쪽) 길이가 38 cm인 끈 6개를 겹치지 않게 한 줄로 길게 이어 붙였습니다. 이어 붙인 끈의 전체 길이는 몇 cm인가요?
(228 cm)
풀이 (이어 붙인 끈의 전체 길이)
=(끈 한 개의 길이)×(도막 수)
=38×6=228(cm)

6 (68쪽) 체육관에 축구공은 29개씩 3상자 있고, 야구공은 43개씩 2상자 있습니다. 더 많은 공은 무엇인가요?
(축구공)
풀이 (축구공 수)=29×3=87(개)
(야구공 수)=43×2=86(개)
⇨ 87>86이므로 더 많은 공은 축구공입니다.

7 (68쪽) 영미는 구슬을 71개씩 3봉지 가지고 있고, 준수는 56개씩 4봉지 가지고 있습니다. 구슬을 더 적게 가지고 있는 사람은 누구인가요?
(영미)
풀이 (영미가 가지고 있는 구슬 수)
=71×3=213(개)
(준수가 가지고 있는 구슬 수)
=56×4=224(개)
⇨ 213<224이므로 구슬을 더 적게 가지고 있는 사람은 영미입니다.

8 (68쪽) 도전 문제
명희는 줄넘기를 매일 65회씩 7일 동안 했고, 은수는 매일 82회씩 5일 동안 했습니다. 줄넘기를 누가 몇 회 더 많이 했나요?
❶ 명희가 한 줄넘기 횟수
→(455회)
❷ 은수가 한 줄넘기 횟수
→(410회)
❸ □ 안에 알맞은 수나 말 써넣기
줄넘기를 명희가 45회 더 많이 했습니다.

풀이 ❶ (명희가 한 줄넘기 횟수)=65×7=455(회)
❷ (은수가 한 줄넘기 횟수)=82×5=410(회)
❸ 455>410이므로 줄넘기를 명희가 455−410=45(회) 더 많이 했습니다.

70 71

74~75쪽

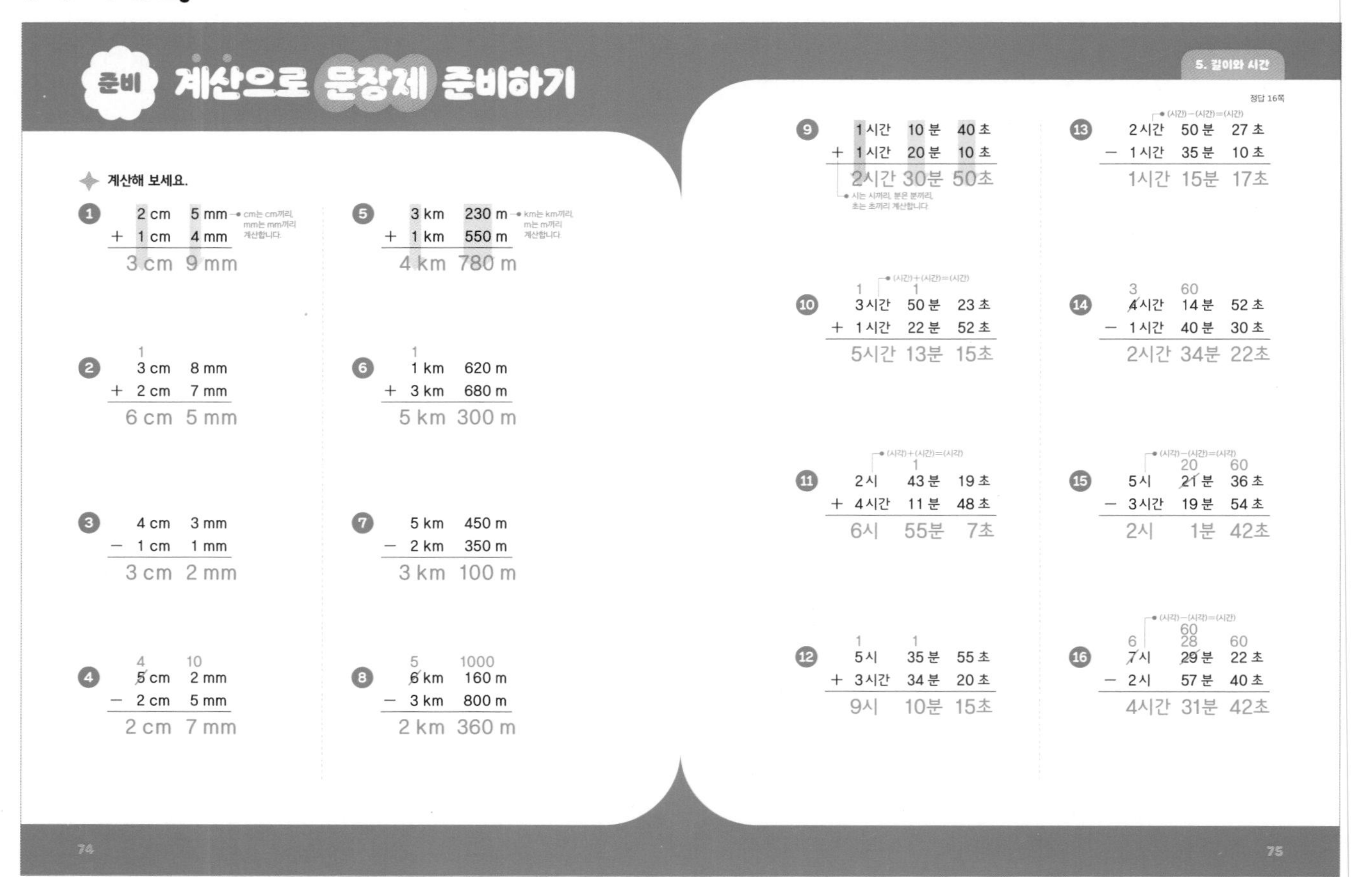

준비 계산으로 문장제 준비하기

5. 길이와 시간

정답 16쪽

계산해 보세요.

1. 2 cm 5 mm + 1 cm 4 mm = 3 cm 9 mm (cm는 cm끼리, mm는 mm끼리 계산합니다.)
2. 3 cm 8 mm + 2 cm 7 mm = 6 cm 5 mm
3. 4 cm 3 mm − 1 cm 1 mm = 3 cm 2 mm
4. 5 cm 2 mm − 2 cm 5 mm = 2 cm 7 mm
5. 3 km 230 m + 1 km 550 m = 4 km 780 m (km는 km끼리, m는 m끼리 계산합니다.)
6. 1 km 620 m + 3 km 680 m = 5 km 300 m
7. 5 km 450 m − 2 km 350 m = 3 km 100 m
8. 6 km 160 m − 3 km 800 m = 2 km 360 m
9. 1시간 10분 40초 + 1시간 20분 10초 = 2시간 30분 50초 (시는 시끼리, 분은 분끼리, 초는 초끼리 계산합니다.)
10. 3시간 50분 23초 + 1시간 22분 52초 = 5시간 13분 15초 ((시간)+(시간)=(시간))
11. 2시 43분 19초 + 4시간 11분 48초 = 6시 55분 7초 ((시각)+(시간)=(시각))
12. 5시 35분 55초 + 3시간 34분 20초 = 9시 10분 15초
13. 2시간 50분 27초 − 1시간 35분 10초 = 1시간 15분 17초 ((시간)−(시간)=(시간))
14. 4시간 14분 52초 − 1시간 40분 30초 = 2시간 34분 22초
15. 5시 21분 36초 − 3시간 19분 54초 = 2시 1분 42초 ((시각)−(시간)=(시각))
16. 7시 29분 22초 − 2시 57분 40초 = 4시간 31분 42초 ((시각)−(시각)=(시간))

74 75

76~77쪽

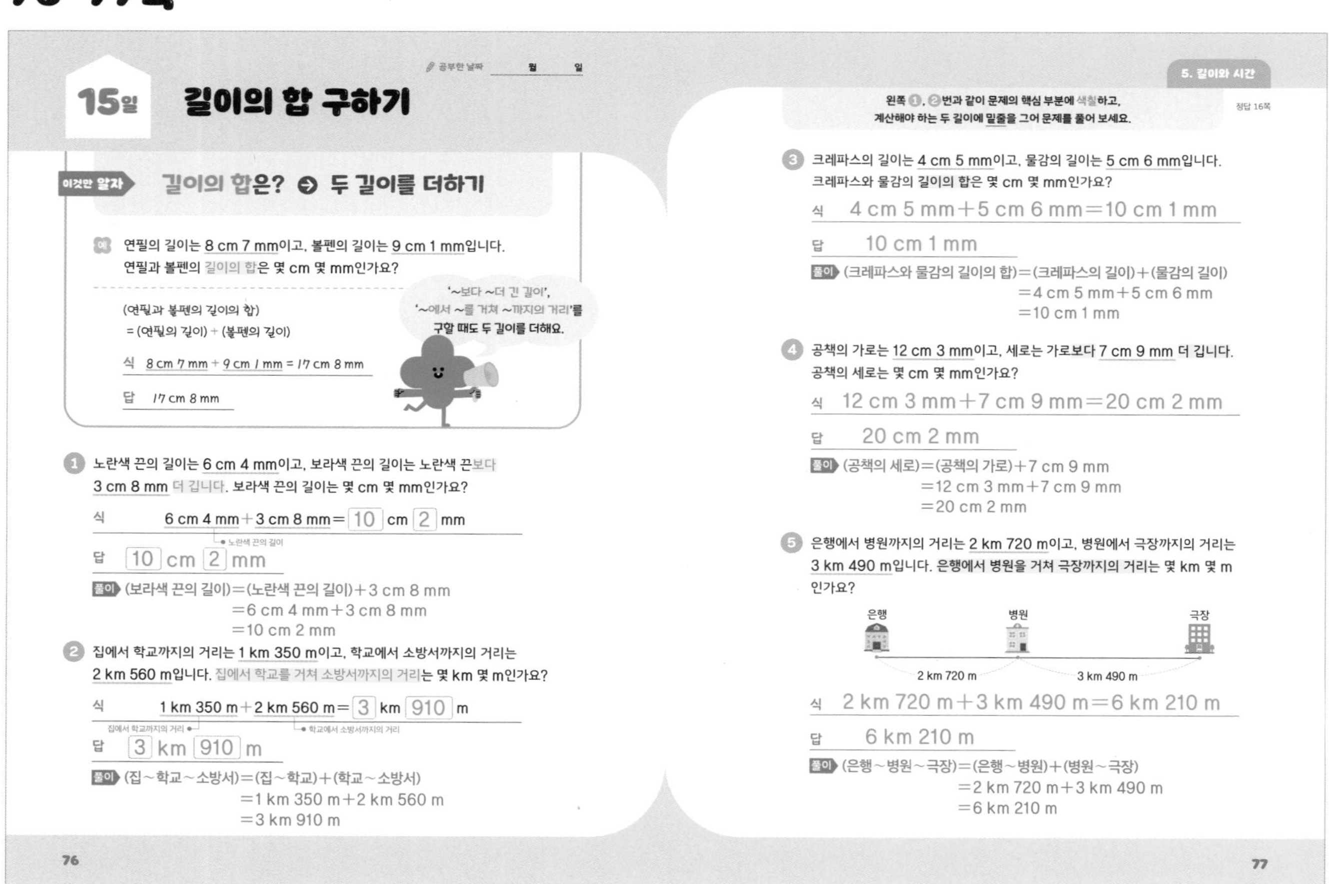

15일 길이의 합 구하기

공부한 날짜 월 일

이것만 알자 길이의 합은? → 두 길이를 더하기

예 연필의 길이는 8 cm 7 mm이고, 볼펜의 길이는 9 cm 1 mm입니다. 연필과 볼펜의 길이의 합은 몇 cm 몇 mm인가요?

(연필과 볼펜의 길이의 합) = (연필의 길이) + (볼펜의 길이)

식 8 cm 7 mm + 9 cm 1 mm = 17 cm 8 mm

답 17 cm 8 mm

'~보다 ~더 긴 길이',
'~에서 ~를 거쳐 ~까지의 거리'를
구할 때도 두 길이를 더해요.

1. 노란색 끈의 길이는 6 cm 4 mm이고, 보라색 끈의 길이는 노란색 끈보다 3 cm 8 mm 더 깁니다. 보라색 끈의 길이는 몇 cm 몇 mm인가요?

식 6 cm 4 mm + 3 cm 8 mm = 10 cm 2 mm (노란색 끈의 길이)

답 10 cm 2 mm

풀이 (보라색 끈의 길이) = (노란색 끈의 길이) + 3 cm 8 mm
= 6 cm 4 mm + 3 cm 8 mm
= 10 cm 2 mm

2. 집에서 학교까지의 거리는 1 km 350 m이고, 학교에서 소방서까지의 거리는 2 km 560 m입니다. 집에서 학교를 거쳐 소방서까지의 거리는 몇 km 몇 m인가요?

식 1 km 350 m + 2 km 560 m = 3 km 910 m (집에서 학교까지의 거리, 학교에서 소방서까지의 거리)

답 3 km 910 m

풀이 (집~학교~소방서) = (집~학교) + (학교~소방서)
= 1 km 350 m + 2 km 560 m
= 3 km 910 m

5. 길이와 시간

정답 16쪽

왼쪽 1, 2번과 같이 문제의 핵심 부분에 색칠하고, 계산해야 하는 두 길이에 밑줄을 그어 문제를 풀어 보세요.

3. 크레파스의 길이는 4 cm 5 mm이고, 물감의 길이는 5 cm 6 mm입니다. 크레파스와 물감의 길이의 합은 몇 cm 몇 mm인가요?

식 4 cm 5 mm + 5 cm 6 mm = 10 cm 1 mm

답 10 cm 1 mm

풀이 (크레파스와 물감의 길이의 합) = (크레파스의 길이) + (물감의 길이)
= 4 cm 5 mm + 5 cm 6 mm
= 10 cm 1 mm

4. 공책의 가로는 12 cm 3 mm이고, 세로는 가로보다 7 cm 9 mm 더 깁니다. 공책의 세로는 몇 cm 몇 mm인가요?

식 12 cm 3 mm + 7 cm 9 mm = 20 cm 2 mm

답 20 cm 2 mm

풀이 (공책의 세로) = (공책의 가로) + 7 cm 9 mm
= 12 cm 3 mm + 7 cm 9 mm
= 20 cm 2 mm

5. 은행에서 병원까지의 거리는 2 km 720 m이고, 병원에서 극장까지의 거리는 3 km 490 m입니다. 은행에서 병원을 거쳐 극장까지의 거리는 몇 km 몇 m인가요?

은행
병원
극장
2 km 720 m
3 km 490 m

식 2 km 720 m + 3 km 490 m = 6 km 210 m

답 6 km 210 m

풀이 (은행~병원~극장) = (은행~병원) + (병원~극장)
= 2 km 720 m + 3 km 490 m
= 6 km 210 m

76 77

78-79쪽

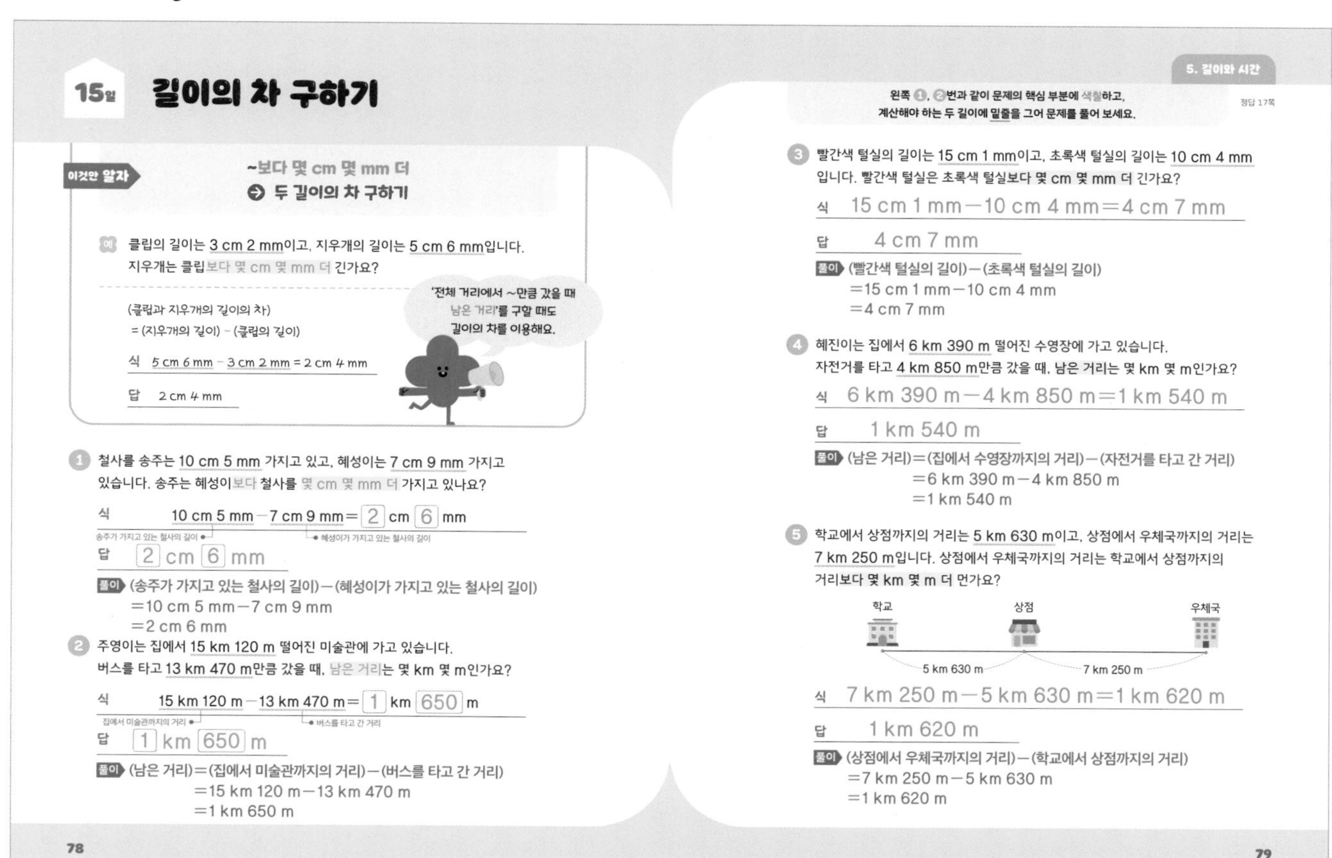

15일 **길이의 차 구하기**

5. 길이와 시간

이것만 알자

~보다 몇 cm 몇 mm 더
➔ 두 길이의 차 구하기

예 클립의 길이는 3 cm 2 mm이고, 지우개의 길이는 5 cm 6 mm입니다. 지우개는 클립보다 몇 cm 몇 mm 더 긴가요?

(클립과 지우개의 길이의 차)
= (지우개의 길이) − (클립의 길이)

식 5 cm 6 mm − 3 cm 2 mm = 2 cm 4 mm

답 2 cm 4 mm

'전체 거리에서 ~만큼 갔을 때 남은 거리'를 구할 때도 길이의 차를 이용해요.

1 철사를 송주는 10 cm 5 mm 가지고 있고, 혜성이는 7 cm 9 mm 가지고 있습니다. 송주는 혜성이보다 철사를 몇 cm 몇 mm 더 가지고 있나요?

식 10 cm 5 mm − 7 cm 9 mm = 2 cm 6 mm
(송주가 가지고 있는 철사의 길이 / 혜성이가 가지고 있는 철사의 길이)

답 2 cm 6 mm

풀이 (송주가 가지고 있는 철사의 길이) − (혜성이가 가지고 있는 철사의 길이)
= 10 cm 5 mm − 7 cm 9 mm
= 2 cm 6 mm

2 주영이는 집에서 15 km 120 m 떨어진 미술관에 가고 있습니다. 버스를 타고 13 km 470 m만큼 갔을 때, 남은 거리는 몇 km 몇 m인가요?

식 15 km 120 m − 13 km 470 m = 1 km 650 m
(집에서 미술관까지의 거리 / 버스를 타고 간 거리)

답 1 km 650 m

풀이 (남은 거리) = (집에서 미술관까지의 거리) − (버스를 타고 간 거리)
= 15 km 120 m − 13 km 470 m
= 1 km 650 m

왼쪽 1, 2번과 같이 문제의 핵심 부분에 색칠하고, 계산해야 하는 두 길이에 밑줄을 그어 문제를 풀어 보세요.

정답 17쪽

3 빨간색 털실의 길이는 15 cm 1 mm이고, 초록색 털실의 길이는 10 cm 4 mm입니다. 빨간색 털실은 초록색 털실보다 몇 cm 몇 mm 더 긴가요?

식 15 cm 1 mm − 10 cm 4 mm = 4 cm 7 mm

답 4 cm 7 mm

풀이 (빨간색 털실의 길이) − (초록색 털실의 길이)
= 15 cm 1 mm − 10 cm 4 mm
= 4 cm 7 mm

4 혜진이는 집에서 6 km 390 m 떨어진 수영장에 가고 있습니다. 자전거를 타고 4 km 850 m만큼 갔을 때, 남은 거리는 몇 km 몇 m인가요?

식 6 km 390 m − 4 km 850 m = 1 km 540 m

답 1 km 540 m

풀이 (남은 거리) = (집에서 수영장까지의 거리) − (자전거를 타고 간 거리)
= 6 km 390 m − 4 km 850 m
= 1 km 540 m

5 학교에서 상점까지의 거리는 5 km 630 m이고, 상점에서 우체국까지의 거리는 7 km 250 m입니다. 상점에서 우체국까지의 거리는 학교에서 상점까지의 거리보다 몇 km 몇 m 더 먼가요?

식 7 km 250 m − 5 km 630 m = 1 km 620 m

답 1 km 620 m

풀이 (상점에서 우체국까지의 거리) − (학교에서 상점까지의 거리)
= 7 km 250 m − 5 km 630 m
= 1 km 620 m

78 79

80-81쪽

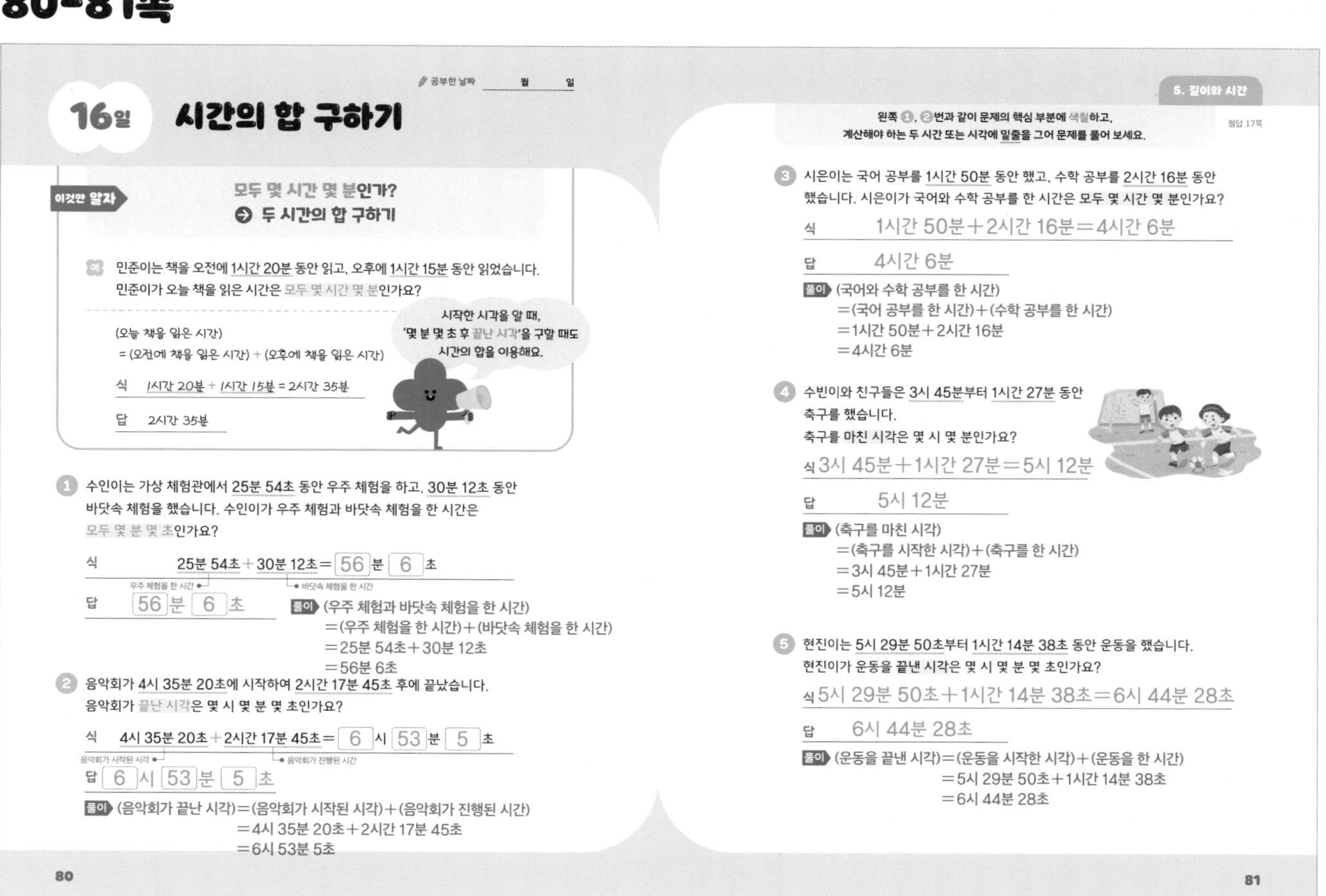

공부한 날짜 월 일

16일 **시간의 합 구하기**

5. 길이와 시간

이것만 알자

모두 몇 시간 몇 분인가?
➔ 두 시간의 합 구하기

예 민준이는 책을 오전에 1시간 20분 동안 읽고, 오후에 1시간 15분 동안 읽었습니다. 민준이가 오늘 책을 읽은 시간은 모두 몇 시간 몇 분인가요?

(오늘 책을 읽은 시간)
= (오전에 책을 읽은 시간) + (오후에 책을 읽은 시간)

식 1시간 20분 + 1시간 15분 = 2시간 35분

답 2시간 35분

시작한 시각을 알 때, '몇 분 몇 초 후 끝난 시각'을 구할 때도 시간의 합을 이용해요.

1 수인이는 가상 체험관에서 25분 54초 동안 우주 체험을 하고, 30분 12초 동안 바닷속 체험을 했습니다. 수인이가 우주 체험과 바닷속 체험을 한 시간은 모두 몇 분 몇 초인가요?

식 25분 54초 + 30분 12초 = 56분 6초
(우주 체험을 한 시간 / 바닷속 체험을 한 시간)

답 56분 6초

풀이 (우주 체험과 바닷속 체험을 한 시간)
= (우주 체험을 한 시간) + (바닷속 체험을 한 시간)
= 25분 54초 + 30분 12초
= 56분 6초

2 음악회가 4시 35분 20초에 시작하여 2시간 17분 45초 후에 끝났습니다. 음악회가 끝난 시각은 몇 시 몇 분 몇 초인가요?

식 4시 35분 20초 + 2시간 17분 45초 = 6시 53분 5초
(음악회가 시작된 시각 / 음악회가 진행된 시간)

답 6시 53분 5초

풀이 (음악회가 끝난 시각) = (음악회가 시작된 시각) + (음악회가 진행된 시간)
= 4시 35분 20초 + 2시간 17분 45초
= 6시 53분 5초

왼쪽 1, 2번과 같이 문제의 핵심 부분에 색칠하고, 계산해야 하는 두 시간 또는 시각에 밑줄을 그어 문제를 풀어 보세요.

정답 17쪽

3 시은이는 국어 공부를 1시간 50분 동안 했고, 수학 공부를 2시간 16분 동안 했습니다. 시은이가 국어와 수학 공부를 한 시간은 모두 몇 시간 몇 분인가요?

식 1시간 50분 + 2시간 16분 = 4시간 6분

답 4시간 6분

풀이 (국어와 수학 공부를 한 시간)
= (국어 공부를 한 시간) + (수학 공부를 한 시간)
= 1시간 50분 + 2시간 16분
= 4시간 6분

4 수빈이와 친구들은 3시 45분부터 1시간 27분 동안 축구를 했습니다. 축구를 마친 시각은 몇 시 몇 분인가요?

식 3시 45분 + 1시간 27분 = 5시 12분

답 5시 12분

풀이 (축구를 마친 시각)
= (축구를 시작한 시각) + (축구를 한 시간)
= 3시 45분 + 1시간 27분
= 5시 12분

5 현진이는 5시 29분 50초부터 1시간 14분 38초 동안 운동을 했습니다. 현진이가 운동을 끝낸 시각은 몇 시 몇 분 몇 초인가요?

식 5시 29분 50초 + 1시간 14분 38초 = 6시 44분 28초

답 6시 44분 28초

풀이 (운동을 끝낸 시각) = (운동을 시작한 시각) + (운동을 한 시간)
= 5시 29분 50초 + 1시간 14분 38초
= 6시 44분 28초

80 81

5 길이와 시간

82-83쪽

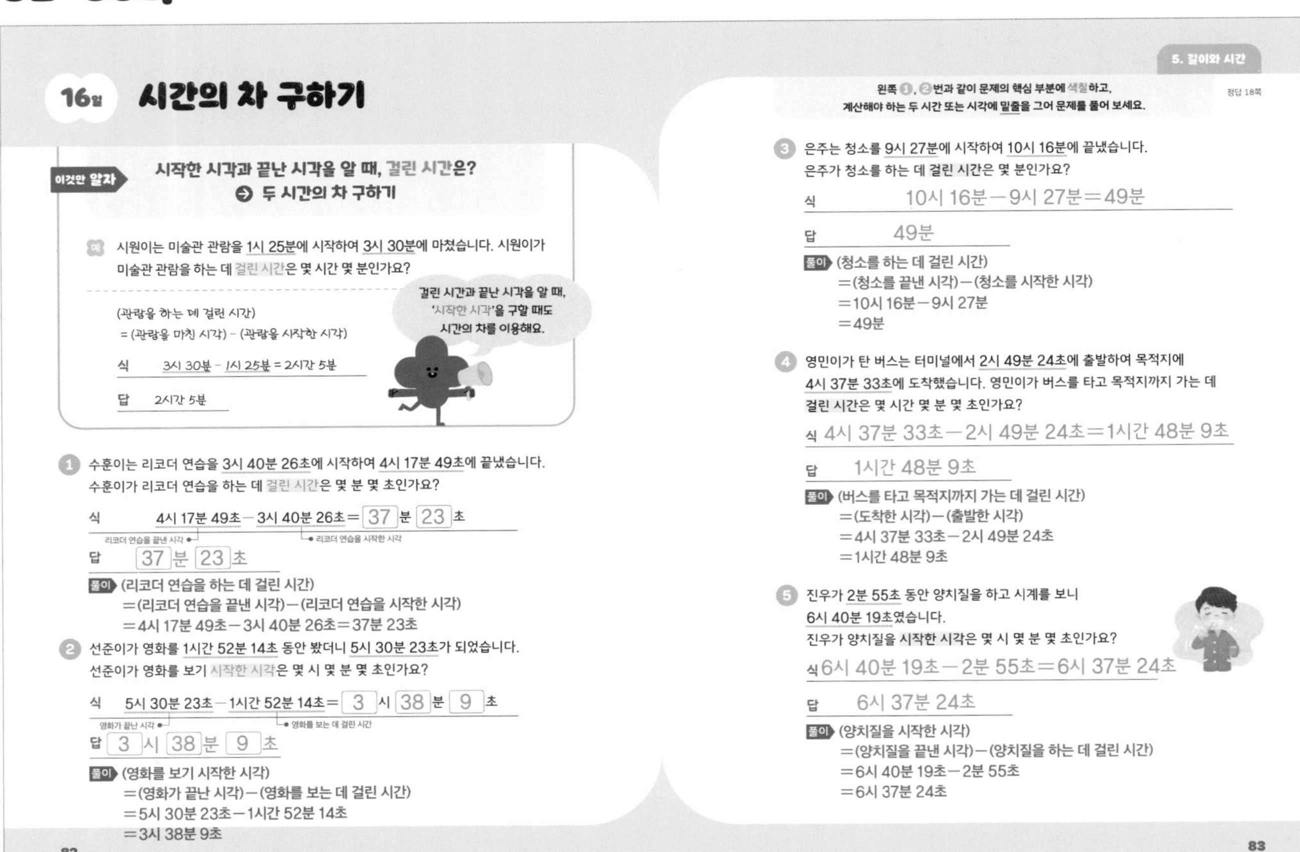

16일 시간의 차 구하기

이것만 알자 시작한 시각과 끝난 시각을 알 때, 걸린 시간은?
➔ 두 시간의 차 구하기

예 시원이는 미술관 관람을 1시 25분에 시작하여 3시 30분에 마쳤습니다. 시원이가 미술관 관람을 하는 데 걸린 시간은 몇 시간 몇 분인가요?

(관람을 하는 데 걸린 시간)
=(관람을 마친 시각)-(관람을 시작한 시각)

식 3시 30분 - 1시 25분 = 2시간 5분

답 2시간 5분

걸린 시간과 끝난 시각을 알 때,
'시작한 시각'을 구할 때도
시간의 차를 이용해요.

1. 수훈이는 리코더 연습을 3시 40분 26초에 시작하여 4시 17분 49초에 끝냈습니다. 수훈이가 리코더 연습을 하는 데 걸린 시간은 몇 분 몇 초인가요?

식 4시 17분 49초 − 3시 40분 26초 = 37 분 23 초
(리코더 연습을 끝낸 시각 / 리코더 연습을 시작한 시각)

답 37 분 23 초

풀이 (리코더 연습을 하는 데 걸린 시간)
=(리코더 연습을 끝낸 시각)−(리코더 연습을 시작한 시각)
=4시 17분 49초−3시 40분 26초=37분 23초

2. 선준이가 영화를 1시간 52분 14초 동안 봤더니 5시 30분 23초가 되었습니다. 선준이가 영화를 보기 시작한 시각은 몇 시 몇 분 몇 초인가요?

식 5시 30분 23초 − 1시간 52분 14초 = 3 시 38 분 9 초
(영화가 끝난 시각 / 영화를 보는 데 걸린 시간)

답 3 시 38 분 9 초

풀이 (영화를 보기 시작한 시각)
=(영화가 끝난 시각)−(영화를 보는 데 걸린 시간)
=5시 30분 23초−1시간 52분 14초
=3시 38분 9초

왼쪽 1, 2번과 같이 문제의 핵심 부분에 색칠하고, 계산해야 하는 두 시간 또는 시각에 밑줄을 그어 문제를 풀어 보세요.

정답 18쪽

3. 은주는 청소를 9시 27분에 시작하여 10시 16분에 끝냈습니다. 은주가 청소를 하는 데 걸린 시간은 몇 분인가요?

식 10시 16분−9시 27분=49분

답 49분

풀이 (청소를 하는 데 걸린 시간)
=(청소를 끝낸 시각)−(청소를 시작한 시각)
=10시 16분−9시 27분
=49분

4. 영민이가 탄 버스는 터미널에서 2시 49분 24초에 출발하여 목적지에 4시 37분 33초에 도착했습니다. 영민이가 버스를 타고 목적지까지 가는 데 걸린 시간은 몇 시간 몇 분 몇 초인가요?

식 4시 37분 33초−2시 49분 24초=1시간 48분 9초

답 1시간 48분 9초

풀이 (버스를 타고 목적지까지 가는 데 걸린 시간)
=(도착한 시각)−(출발한 시각)
=4시 37분 33초−2시 49분 24초
=1시간 48분 9초

5. 진우가 2분 55초 동안 양치질을 하고 시계를 보니 6시 40분 19초였습니다. 진우가 양치질을 시작한 시각은 몇 시 몇 분 몇 초인가요?

식 6시 40분 19초−2분 55초=6시 37분 24초

답 6시 37분 24초

풀이 (양치질을 시작한 시각)
=(양치질을 끝낸 시각)−(양치질을 하는 데 걸린 시간)
=6시 40분 19초−2분 55초
=6시 37분 24초

84-85쪽

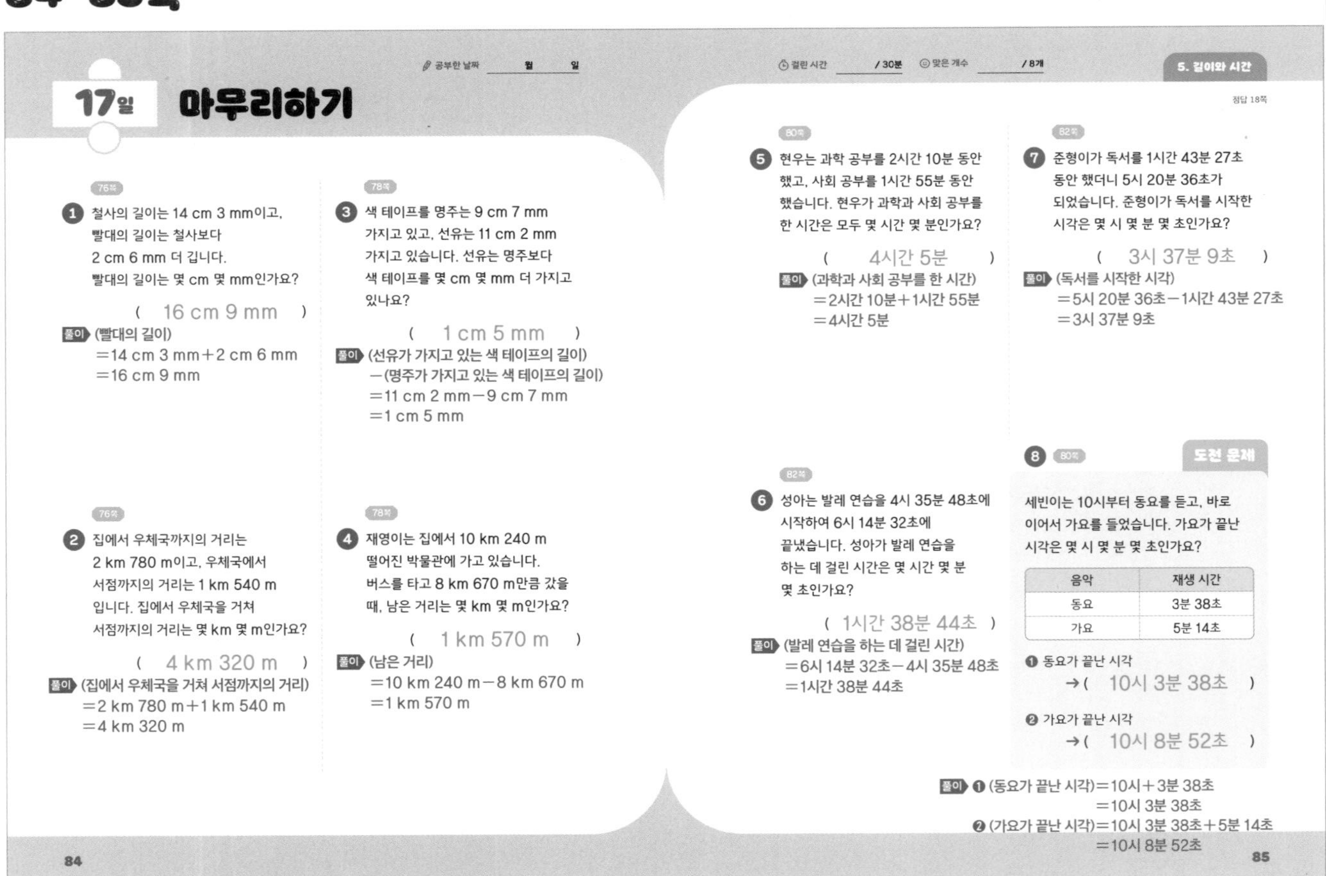

공부한 날짜 월 일 / 걸린 시간 /30분 / 맞은 개수 /8개

17일 마무리하기

정답 18쪽

1. (76쪽) 철사의 길이는 14 cm 3 mm이고, 빨대의 길이는 철사보다 2 cm 6 mm 더 깁니다. 빨대의 길이는 몇 cm 몇 mm인가요?

(16 cm 9 mm)

풀이 (빨대의 길이)
=14 cm 3 mm+2 cm 6 mm
=16 cm 9 mm

2. (76쪽) 집에서 우체국까지의 거리는 2 km 780 m이고, 우체국에서 서점까지의 거리는 1 km 540 m입니다. 집에서 우체국을 거쳐 서점까지의 거리는 몇 km 몇 m인가요?

(4 km 320 m)

풀이 (집에서 우체국을 거쳐 서점까지의 거리)
=2 km 780 m+1 km 540 m
=4 km 320 m

3. (78쪽) 색 테이프를 명주는 9 cm 7 mm 가지고 있고, 선유는 11 cm 2 mm 가지고 있습니다. 선유는 명주보다 색 테이프를 몇 cm 몇 mm 더 가지고 있나요?

(1 cm 5 mm)

풀이 (선유가 가지고 있는 색 테이프의 길이)
−(명주가 가지고 있는 색 테이프의 길이)
=11 cm 2 mm−9 cm 7 mm
=1 cm 5 mm

4. (78쪽) 재영이는 집에서 10 km 240 m 떨어진 박물관에 가고 있습니다. 버스를 타고 8 km 670 m만큼 갔을 때, 남은 거리는 몇 km 몇 m인가요?

(1 km 570 m)

풀이 (남은 거리)
=10 km 240 m−8 km 670 m
=1 km 570 m

5. (80쪽) 현우는 과학 공부를 2시간 10분 동안 했고, 사회 공부를 1시간 55분 동안 했습니다. 현우가 과학과 사회 공부를 한 시간은 모두 몇 시간 몇 분인가요?

(4시간 5분)

풀이 (과학과 사회 공부를 한 시간)
=2시간 10분+1시간 55분
=4시간 5분

6. (82쪽) 성아는 발레 연습을 4시 35분 48초에 시작하여 6시 14분 32초에 끝냈습니다. 성아가 발레 연습을 하는 데 걸린 시간은 몇 시간 몇 분 몇 초인가요?

(1시간 38분 44초)

풀이 (발레 연습을 하는 데 걸린 시간)
=6시 14분 32초−4시 35분 48초
=1시간 38분 44초

7. (82쪽) 준형이가 독서를 1시간 43분 27초 동안 했더니 5시 20분 36초가 되었습니다. 준형이가 독서를 시작한 시각은 몇 시 몇 분 몇 초인가요?

(3시 37분 9초)

풀이 (독서를 시작한 시각)
=5시 20분 36초−1시간 43분 27초
=3시 37분 9초

8. (80쪽) 도전 문제

세빈이는 10시부터 동요를 듣고, 바로 이어서 가요를 들었습니다. 가요가 끝난 시각은 몇 시 몇 분 몇 초인가요?

음악	재생 시간
동요	3분 38초
가요	5분 14초

❶ 동요가 끝난 시각
→ (10시 3분 38초)

❷ 가요가 끝난 시각
→ (10시 8분 52초)

풀이 ❶ (동요가 끝난 시각)=10시+3분 38초
=10시 3분 38초
❷ (가요가 끝난 시각)=10시 3분 38초+5분 14초
=10시 8분 52초

6 분수와 소수

88-89쪽

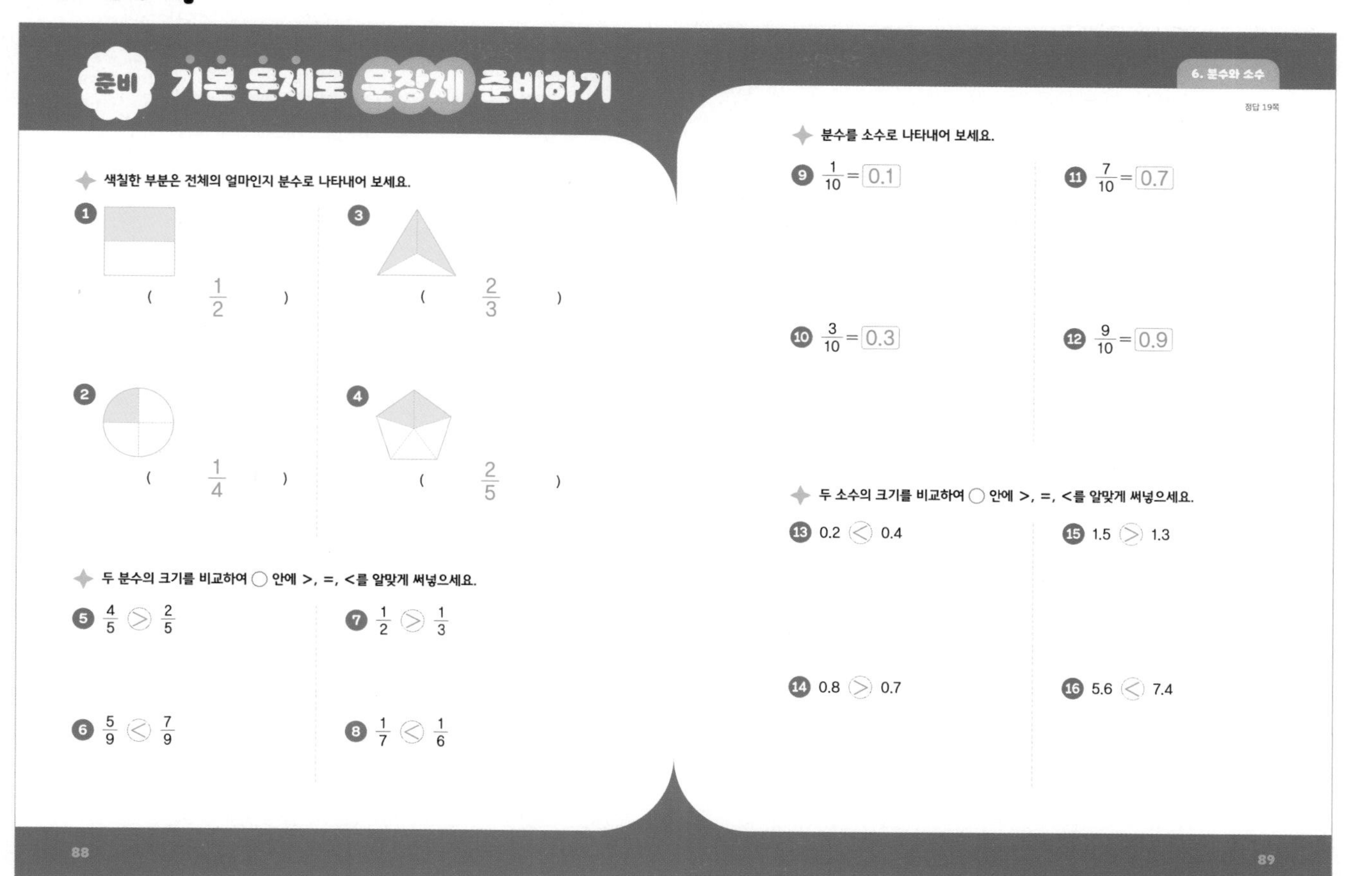

준비 기본 문제로 문장제 준비하기

6. 분수와 소수

정답 19쪽

색칠한 부분은 전체의 얼마인지 분수로 나타내어 보세요.

1 ($\frac{1}{2}$)

2 ($\frac{1}{4}$)

3 ($\frac{2}{3}$)

4 ($\frac{2}{5}$)

두 분수의 크기를 비교하여 ○ 안에 >, =, <를 알맞게 써넣으세요.

5 $\frac{4}{5} > \frac{2}{5}$

6 $\frac{5}{9} < \frac{7}{9}$

7 $\frac{1}{2} > \frac{1}{3}$

8 $\frac{1}{7} < \frac{1}{6}$

분수를 소수로 나타내어 보세요.

9 $\frac{1}{10} = 0.1$

10 $\frac{3}{10} = 0.3$

11 $\frac{7}{10} = 0.7$

12 $\frac{9}{10} = 0.9$

두 소수의 크기를 비교하여 ○ 안에 >, =, <를 알맞게 써넣으세요.

13 0.2 < 0.4

14 0.8 > 0.7

15 1.5 > 1.3

16 5.6 < 7.4

88 89

90-91쪽

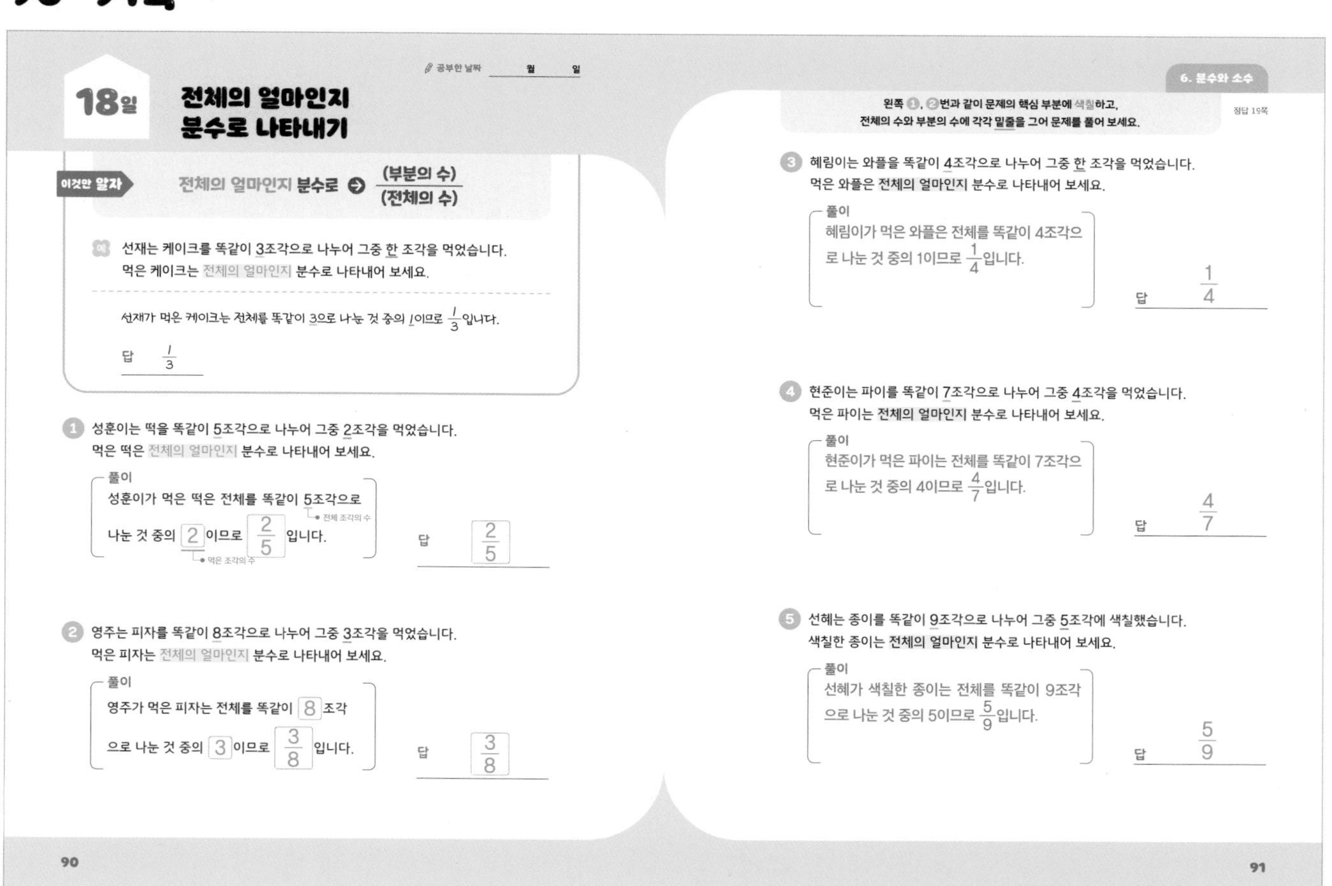

18일 전체의 얼마인지 분수로 나타내기

공부한 날짜 월 일

이것만 알자 전체의 얼마인지 분수로 ➔ $\frac{(부분의 수)}{(전체의 수)}$

예 선재는 케이크를 똑같이 3조각으로 나누어 그중 한 조각을 먹었습니다. 먹은 케이크는 전체의 얼마인지 분수로 나타내어 보세요.

선재가 먹은 케이크는 전체를 똑같이 3으로 나눈 것 중의 1이므로 $\frac{1}{3}$입니다.

답 $\frac{1}{3}$

1 성훈이는 떡을 똑같이 5조각으로 나누어 그중 2조각을 먹었습니다. 먹은 떡은 전체의 얼마인지 분수로 나타내어 보세요.

풀이 성훈이가 먹은 떡은 전체를 똑같이 5조각으로 나눈 것 중의 2이므로 $\frac{2}{5}$입니다. (전체 조각의 수 / 먹은 조각의 수)

답 $\frac{2}{5}$

2 영주는 피자를 똑같이 8조각으로 나누어 그중 3조각을 먹었습니다. 먹은 피자는 전체의 얼마인지 분수로 나타내어 보세요.

풀이 영주가 먹은 피자는 전체를 똑같이 8조각으로 나눈 것 중의 3이므로 $\frac{3}{8}$입니다.

답 $\frac{3}{8}$

6. 분수와 소수

정답 19쪽

왼쪽 1, 2번과 같이 문제의 핵심 부분에 색칠하고, 전체의 수와 부분의 수에 각각 밑줄을 그어 문제를 풀어 보세요.

3 혜림이는 와플을 똑같이 4조각으로 나누어 그중 한 조각을 먹었습니다. 먹은 와플은 전체의 얼마인지 분수로 나타내어 보세요.

풀이 혜림이가 먹은 와플은 전체를 똑같이 4조각으로 나눈 것 중의 1이므로 $\frac{1}{4}$입니다.

답 $\frac{1}{4}$

4 현준이는 파이를 똑같이 7조각으로 나누어 그중 4조각을 먹었습니다. 먹은 파이는 전체의 얼마인지 분수로 나타내어 보세요.

풀이 현준이가 먹은 파이는 전체를 똑같이 7조각으로 나눈 것 중의 4이므로 $\frac{4}{7}$입니다.

답 $\frac{4}{7}$

5 선혜는 종이를 똑같이 9조각으로 나누어 그중 5조각에 색칠했습니다. 색칠한 종이는 전체의 얼마인지 분수로 나타내어 보세요.

풀이 선혜가 색칠한 종이는 전체를 똑같이 9조각으로 나눈 것 중의 5이므로 $\frac{5}{9}$입니다.

답 $\frac{5}{9}$

90 91

6 분수와 소수

92-93쪽

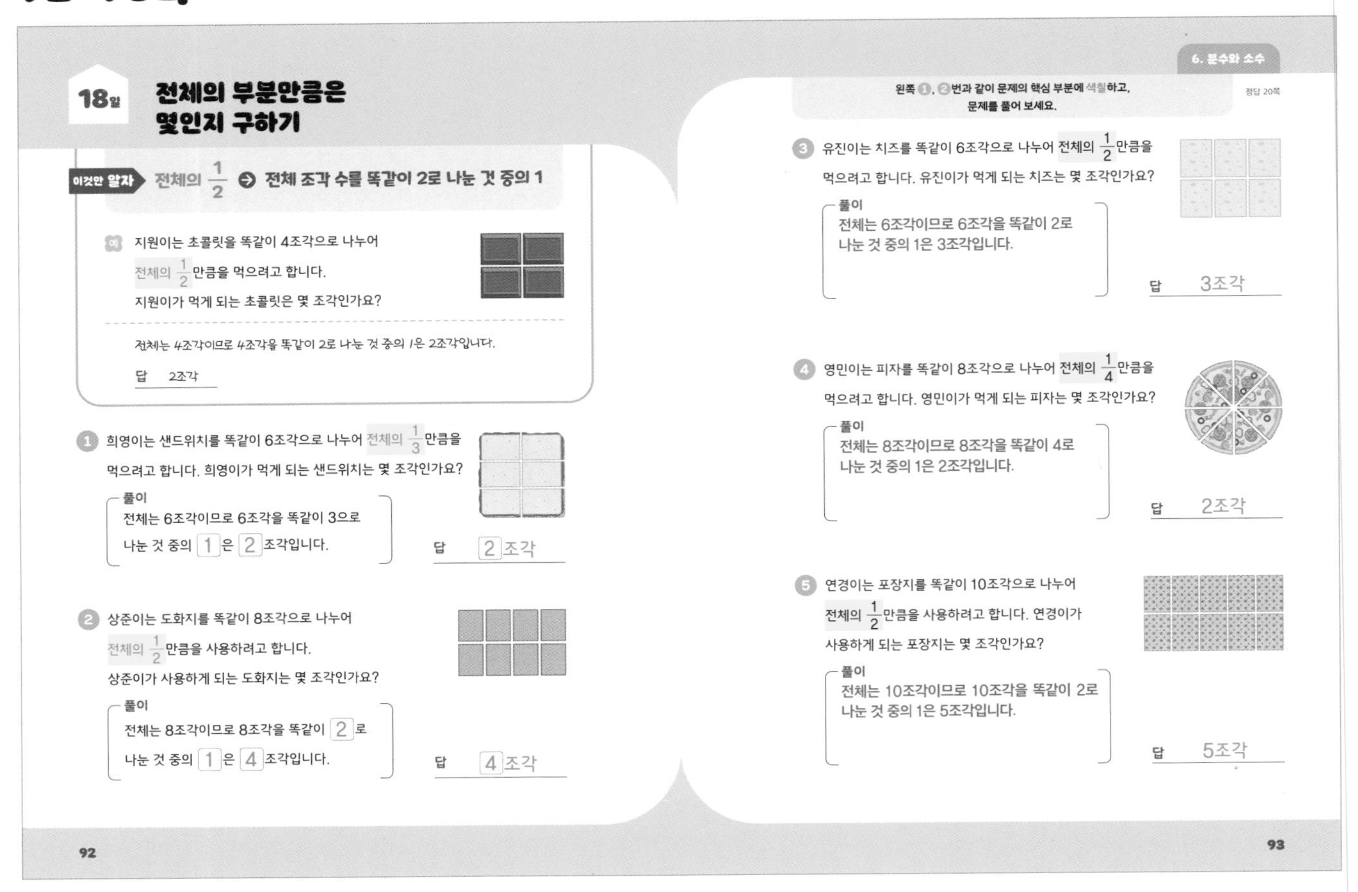

6. 분수와 소수

18일 전체의 부분만큼은 몇인지 구하기

이것만 알자 전체의 $\frac{1}{2}$ ➔ 전체 조각 수를 똑같이 2로 나눈 것 중의 1

예 지원이는 초콜릿을 똑같이 4조각으로 나누어 전체의 $\frac{1}{2}$만큼을 먹으려고 합니다. 지원이가 먹게 되는 초콜릿은 몇 조각인가요?

전체는 4조각이므로 4조각을 똑같이 2로 나눈 것 중의 1은 2조각입니다.

답 2조각

1 희영이는 샌드위치를 똑같이 6조각으로 나누어 전체의 $\frac{1}{3}$만큼을 먹으려고 합니다. 희영이가 먹게 되는 샌드위치는 몇 조각인가요?

풀이
전체는 6조각이므로 6조각을 똑같이 3으로 나눈 것 중의 1은 2 조각입니다.

답 2조각

2 상준이는 도화지를 똑같이 8조각으로 나누어 전체의 $\frac{1}{2}$만큼을 사용하려고 합니다. 상준이가 사용하게 되는 도화지는 몇 조각인가요?

풀이
전체는 8조각이므로 8조각을 똑같이 2로 나눈 것 중의 1은 4 조각입니다.

답 4조각

92

왼쪽 1, 2번과 같이 문제의 핵심 부분에 색칠하고, 문제를 풀어 보세요.

정답 20쪽

3 유진이는 치즈를 똑같이 6조각으로 나누어 전체의 $\frac{1}{2}$만큼을 먹으려고 합니다. 유진이가 먹게 되는 치즈는 몇 조각인가요?

풀이
전체는 6조각이므로 6조각을 똑같이 2로 나눈 것 중의 1은 3조각입니다.

답 3조각

4 영민이는 피자를 똑같이 8조각으로 나누어 전체의 $\frac{1}{4}$만큼을 먹으려고 합니다. 영민이가 먹게 되는 피자는 몇 조각인가요?

풀이
전체는 8조각이므로 8조각을 똑같이 4로 나눈 것 중의 1은 2조각입니다.

답 2조각

5 연경이는 포장지를 똑같이 10조각으로 나누어 전체의 $\frac{1}{2}$만큼을 사용하려고 합니다. 연경이가 사용하게 되는 포장지는 몇 조각인가요?

풀이
전체는 10조각이므로 10조각을 똑같이 2로 나눈 것 중의 1은 5조각입니다.

답 5조각

93

94-95쪽

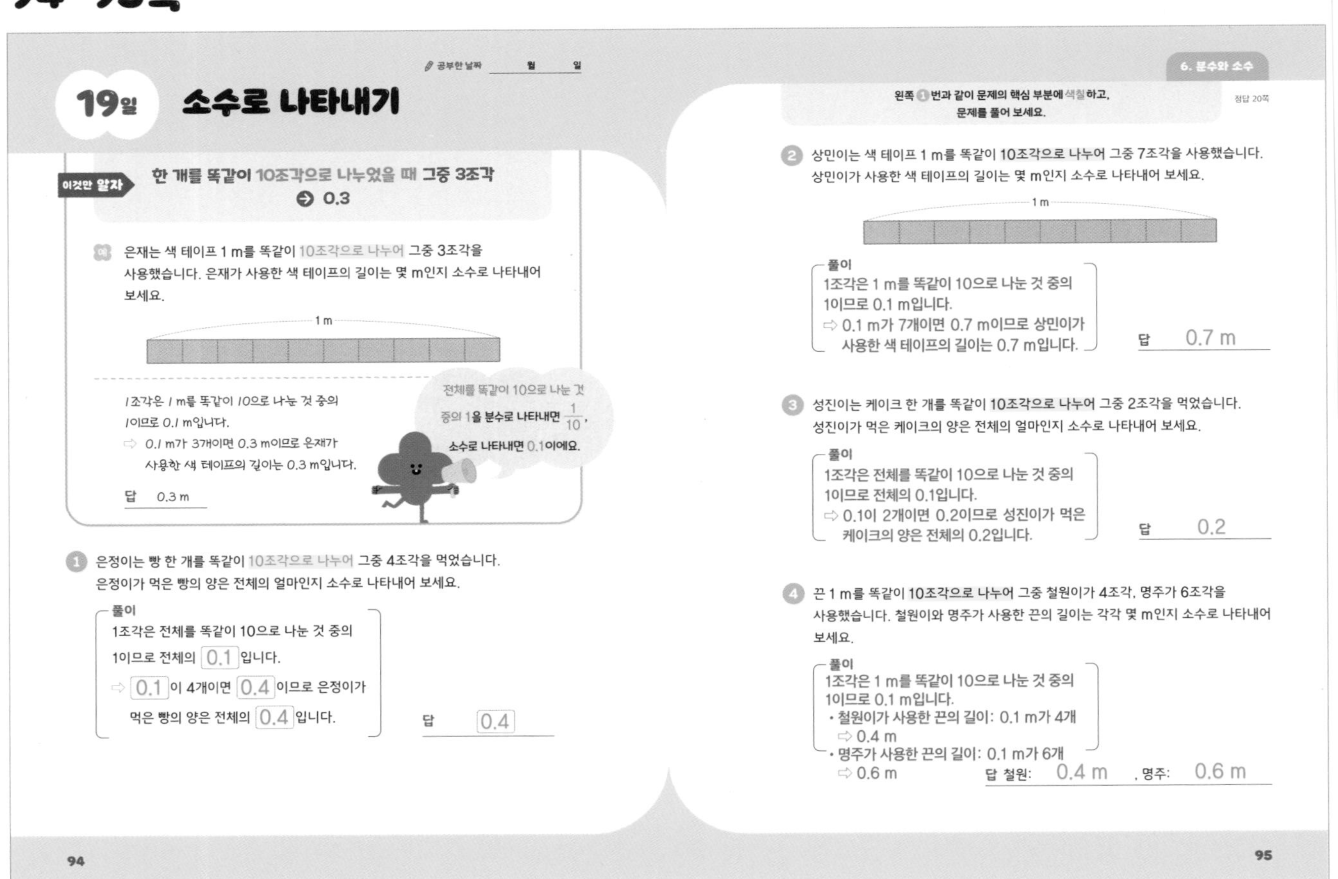

공부한 날짜 월 일

6. 분수와 소수

19일 소수로 나타내기

이것만 알자 한 개를 똑같이 10조각으로 나누었을 때 그중 3조각 ➔ 0.3

예 은재는 색 테이프 1 m를 똑같이 10조각으로 나누어 그중 3조각을 사용했습니다. 은재가 사용한 색 테이프의 길이는 몇 m인지 소수로 나타내어 보세요.

1 m

1조각은 1 m를 똑같이 10으로 나눈 것 중의 1이므로 0.1 m입니다.
⇨ 0.1 m가 3개이면 0.3 m이므로 은재가 사용한 색 테이프의 길이는 0.3 m입니다.

답 0.3 m

전체를 똑같이 10으로 나눈 것 중의 1을 분수로 나타내면 $\frac{1}{10}$, 소수로 나타내면 0.1이에요.

1 은정이는 빵 한 개를 똑같이 10조각으로 나누어 그중 4조각을 먹었습니다. 은정이가 먹은 빵의 양은 전체의 얼마인지 소수로 나타내어 보세요.

풀이
1조각은 전체를 똑같이 10으로 나눈 것 중의 1이므로 전체의 0.1 입니다.
⇨ 0.1 이 4개이면 0.4 이므로 은정이가 먹은 빵의 양은 전체의 0.4 입니다.

답 0.4

94

왼쪽 1번과 같이 문제의 핵심 부분에 색칠하고, 문제를 풀어 보세요.

정답 20쪽

2 상민이는 색 테이프 1 m를 똑같이 10조각으로 나누어 그중 7조각을 사용했습니다. 상민이가 사용한 색 테이프의 길이는 몇 m인지 소수로 나타내어 보세요.

1 m

풀이
1조각은 1 m를 똑같이 10으로 나눈 것 중의 1이므로 0.1 m입니다.
⇨ 0.1 m가 7개이면 0.7 m이므로 상민이가 사용한 색 테이프의 길이는 0.7 m입니다.

답 0.7 m

3 성진이는 케이크 한 개를 똑같이 10조각으로 나누어 그중 2조각을 먹었습니다. 성진이가 먹은 케이크의 양은 전체의 얼마인지 소수로 나타내어 보세요.

풀이
1조각은 전체를 똑같이 10으로 나눈 것 중의 1이므로 전체의 0.1입니다.
⇨ 0.1이 2개이면 0.2이므로 성진이가 먹은 케이크의 양은 전체의 0.2입니다.

답 0.2

4 끈 1 m를 똑같이 10조각으로 나누어 그중 철원이가 4조각, 명주가 6조각을 사용했습니다. 철원이와 명주가 사용한 끈의 길이는 각각 몇 m인지 소수로 나타내어 보세요.

풀이
1조각은 1 m를 똑같이 10으로 나눈 것 중의 1이므로 0.1 m입니다.
• 철원이가 사용한 끈의 길이: 0.1 m가 4개 ⇨ 0.4 m
• 명주가 사용한 끈의 길이: 0.1 m가 6개 ⇨ 0.6 m

답 철원: 0.4 m, 명주: 0.6 m

95

96-97쪽

19일 더 많은(적은) 것 구하기

정답 21쪽

이것만 알자
더 많이, 더 넓은, 더 먼 ➔ 더 큰 수 구하기
더 적게, 더 좁은, 더 가까운 ➔ 더 작은 수 구하기

예 영지는 시루떡의 $\frac{1}{5}$만큼을 먹었고, 은수는 똑같은 시루떡의 $\frac{3}{5}$만큼을 먹었습니다. 시루떡을 더 많이 먹은 사람은 누구인가요?

먹은 시루떡의 양을 비교하면 $\frac{1}{5} < \frac{3}{5}$입니다. (영지, 은수)
따라서 시루떡을 더 많이 먹은 사람은 은수입니다.

답 은수

1 명재는 종이의 $\frac{1}{3}$만큼을 사용했고, 선호는 같은 종이의 $\frac{1}{6}$만큼을 사용했습니다. 종이를 더 적게 사용한 사람은 누구인가요?

풀이
사용한 종이의 크기를 비교하면 $\frac{1}{3}$ (명재) > $\frac{1}{6}$ (선호)입니다.
따라서 종이를 더 적게 사용한 사람은 선호입니다.

답 선호

2 과자 상자를 묶는 데 명희는 0.4 m, 소라는 0.7 m의 끈을 사용했습니다. 끈을 더 많이 사용한 사람은 누구인가요?

풀이
사용한 끈의 길이를 비교하면 0.4 < 0.7입니다.
따라서 끈을 더 많이 사용한 사람은 소라입니다.

답 소라

왼쪽 1, 2번과 같이 문제의 핵심 부분에 색칠하고, 비교해야 하는 두 분수 또는 소수에 밑줄을 그어 문제를 풀어 보세요.

3 텃밭 전체의 $\frac{5}{9}$에는 오이를 심었고, $\frac{2}{9}$에는 토마토를 심었습니다. 더 넓은 부분에 심은 채소는 무엇인가요?

풀이
심은 부분의 넓이를 비교하면 $\frac{5}{9} > \frac{2}{9}$입니다.
따라서 더 넓은 부분에 심은 채소는 오이입니다.

답 오이

4 식빵을 만드는 데 우유를 유라는 한 컵의 $\frac{1}{7}$만큼을 넣었고, 은미는 한 컵의 $\frac{1}{4}$만큼을 넣었습니다. 우유를 더 적게 넣은 사람은 누구인가요?

풀이
넣은 우유의 양을 비교하면 $\frac{1}{7} < \frac{1}{4}$입니다.
따라서 우유를 더 적게 넣은 사람은 유라입니다.

답 유라

5 민형이네 집에서 도서관까지의 거리는 1.7 km이고, 소방서까지의 거리는 2.3 km입니다. 민형이네 집에서 더 가까운 곳은 어디인가요?

풀이
민형이네 집에서의 거리를 비교하면 1.7 < 2.3입니다.
따라서 민형이네 집에서 더 가까운 곳은 도서관입니다.

답 도서관

96 97

98-99쪽

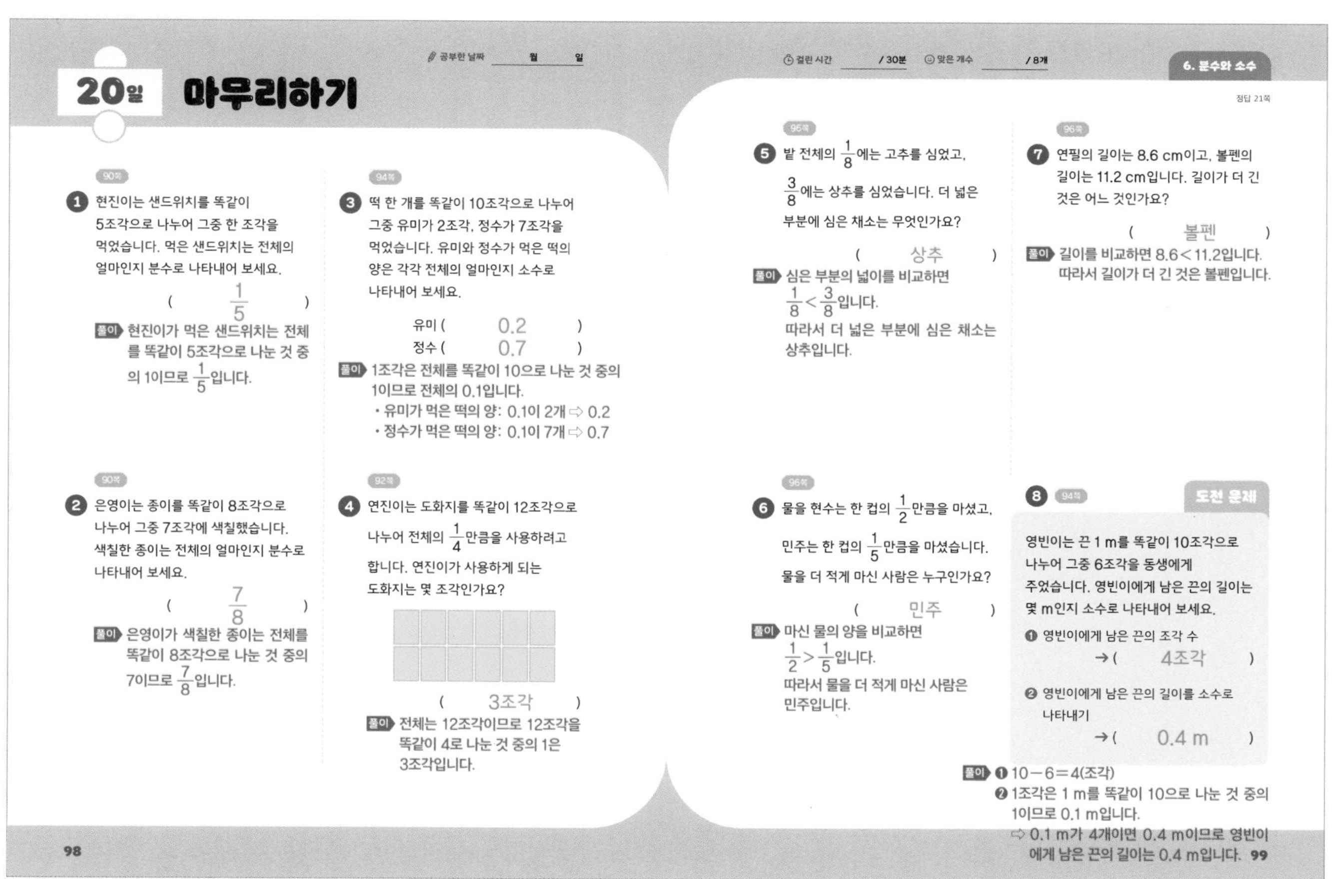

20일 마무리하기

공부한 날짜 월 일 / 걸린 시간 / 30분 / 맞은 개수 / 8개

6. 분수와 소수 / 정답 21쪽

1 (90쪽) 현진이는 샌드위치를 똑같이 5조각으로 나누어 그중 한 조각을 먹었습니다. 먹은 샌드위치는 전체의 얼마인지 분수로 나타내어 보세요.
($\frac{1}{5}$)
풀이 현진이가 먹은 샌드위치는 전체를 똑같이 5조각으로 나눈 것 중의 1이므로 $\frac{1}{5}$입니다.

2 (90쪽) 은영이는 종이를 똑같이 8조각으로 나누어 그중 7조각에 색칠했습니다. 색칠한 종이는 전체의 얼마인지 분수로 나타내어 보세요.
($\frac{7}{8}$)
풀이 은영이가 색칠한 종이는 전체를 똑같이 8조각으로 나눈 것 중의 7이므로 $\frac{7}{8}$입니다.

3 (94쪽) 떡 한 개를 똑같이 10조각으로 나누어 그중 유미가 2조각, 정수가 7조각을 먹었습니다. 유미와 정수가 먹은 떡의 양은 각각 전체의 얼마인지 소수로 나타내어 보세요.
유미 (0.2)
정수 (0.7)
풀이 1조각은 전체를 똑같이 10으로 나눈 것 중의 1이므로 전체의 0.1입니다.
• 유미가 먹은 떡의 양: 0.1이 2개 ⇨ 0.2
• 정수가 먹은 떡의 양: 0.1이 7개 ⇨ 0.7

4 (92쪽) 연진이는 도화지를 똑같이 12조각으로 나누어 전체의 $\frac{1}{4}$만큼을 사용하려고 합니다. 연진이가 사용하게 되는 도화지는 몇 조각인가요?
(3조각)
풀이 전체는 12조각이므로 12조각을 똑같이 4로 나눈 것 중의 1은 3조각입니다.

5 (96쪽) 밭 전체의 $\frac{1}{8}$에는 고추를 심었고, $\frac{3}{8}$에는 상추를 심었습니다. 더 넓은 부분에 심은 채소는 무엇인가요?
(상추)
풀이 심은 부분의 넓이를 비교하면 $\frac{1}{8} < \frac{3}{8}$입니다.
따라서 더 넓은 부분에 심은 채소는 상추입니다.

6 (96쪽) 물을 현수는 한 컵의 $\frac{1}{2}$만큼을 마셨고, 민주는 한 컵의 $\frac{1}{5}$만큼을 마셨습니다. 물을 더 적게 마신 사람은 누구인가요?
(민주)
풀이 마신 물의 양을 비교하면 $\frac{1}{2} > \frac{1}{5}$입니다.
따라서 물을 더 적게 마신 사람은 민주입니다.

7 (96쪽) 연필의 길이는 8.6 cm이고, 볼펜의 길이는 11.2 cm입니다. 길이가 더 긴 것은 어느 것인가요?
(볼펜)
풀이 길이를 비교하면 8.6 < 11.2입니다.
따라서 길이가 더 긴 것은 볼펜입니다.

8 (94쪽) 도전 문제
영빈이는 끈 1 m를 똑같이 10조각으로 나누어 그중 6조각을 동생에게 주었습니다. 영빈이에게 남은 끈의 길이는 몇 m인지 소수로 나타내어 보세요.
❶ 영빈이에게 남은 끈의 조각 수
→ (4조각)
❷ 영빈이에게 남은 끈의 길이를 소수로 나타내기
→ (0.4 m)
풀이 ❶ 10 − 6 = 4(조각)
❷ 1조각은 1 m를 똑같이 10으로 나눈 것 중의 1이므로 0.1 m입니다.
⇨ 0.1 m가 4개이면 0.4 m이므로 영빈이에게 남은 끈의 길이는 0.4 m입니다.

98 99

실력 평가

100-101쪽

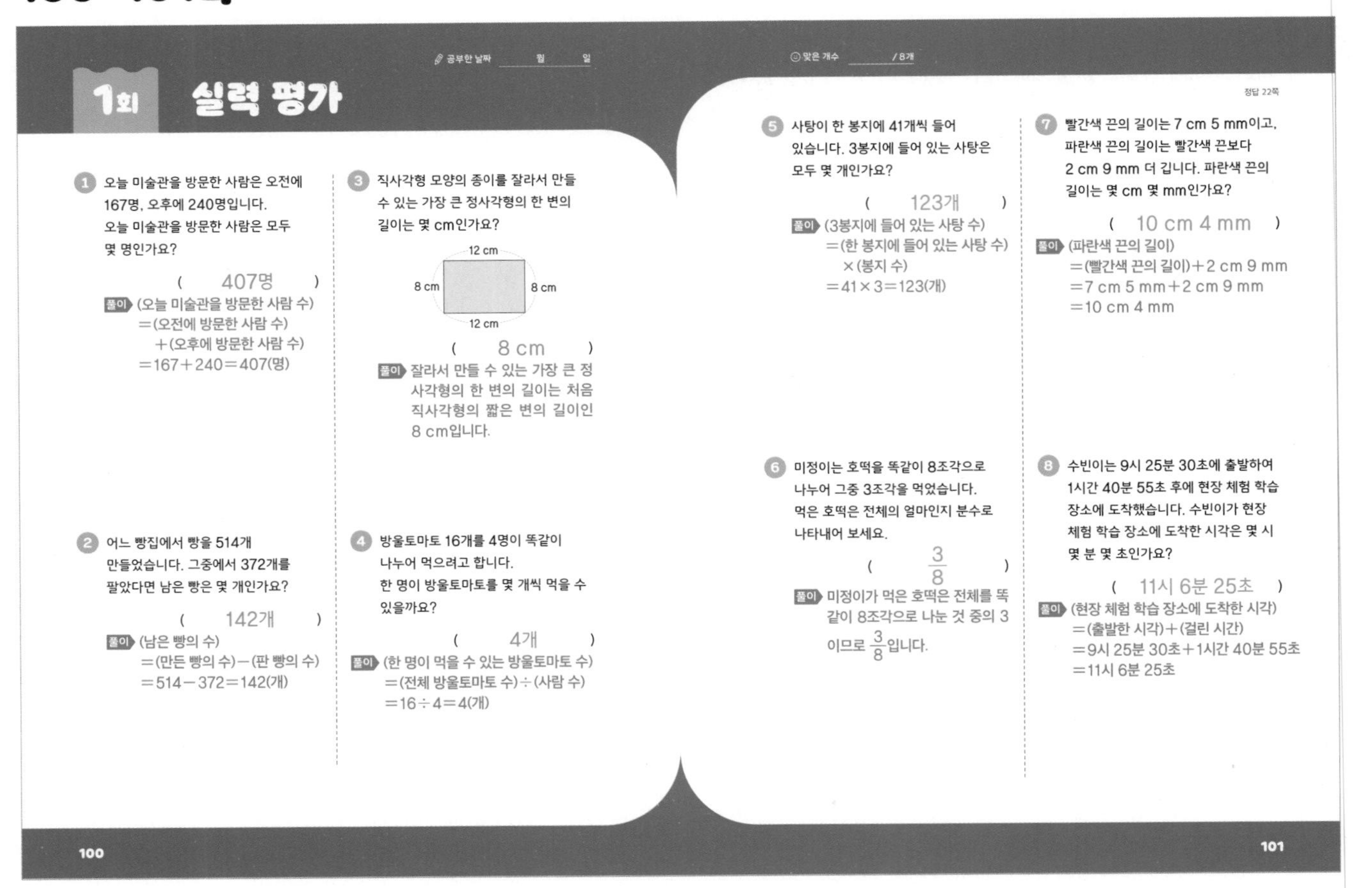

공부한 날짜 월 일

맞은 개수 /8개

1회 실력 평가

정답 22쪽

1 오늘 미술관을 방문한 사람은 오전에 167명, 오후에 240명입니다. 오늘 미술관을 방문한 사람은 모두 몇 명인가요?

(407명)

풀이 (오늘 미술관을 방문한 사람 수)
=(오전에 방문한 사람 수)
+(오후에 방문한 사람 수)
=167+240=407(명)

2 어느 빵집에서 빵을 514개 만들었습니다. 그중에서 372개를 팔았다면 남은 빵은 몇 개인가요?

(142개)

풀이 (남은 빵의 수)
=(만든 빵의 수)−(판 빵의 수)
=514−372=142(개)

3 직사각형 모양의 종이를 잘라서 만들 수 있는 가장 큰 정사각형의 한 변의 길이는 몇 cm인가요?

(8 cm)

풀이 잘라서 만들 수 있는 가장 큰 정사각형의 한 변의 길이는 처음 직사각형의 짧은 변의 길이인 8 cm입니다.

4 방울토마토 16개를 4명이 똑같이 나누어 먹으려고 합니다. 한 명이 방울토마토를 몇 개씩 먹을 수 있을까요?

(4개)

풀이 (한 명이 먹을 수 있는 방울토마토 수)
=(전체 방울토마토 수)÷(사람 수)
=16÷4=4(개)

5 사탕이 한 봉지에 41개씩 들어 있습니다. 3봉지에 들어 있는 사탕은 모두 몇 개인가요?

(123개)

풀이 (3봉지에 들어 있는 사탕 수)
=(한 봉지에 들어 있는 사탕 수)
×(봉지 수)
=41×3=123(개)

6 미정이는 호떡을 똑같이 8조각으로 나누어 그중 3조각을 먹었습니다. 먹은 호떡은 전체의 얼마인지 분수로 나타내어 보세요.

($\frac{3}{8}$)

풀이 미정이가 먹은 호떡은 전체를 똑같이 8조각으로 나눈 것 중의 3이므로 $\frac{3}{8}$입니다.

7 빨간색 끈의 길이는 7 cm 5 mm이고, 파란색 끈의 길이는 빨간색 끈보다 2 cm 9 mm 더 깁니다. 파란색 끈의 길이는 몇 cm 몇 mm인가요?

(10 cm 4 mm)

풀이 (파란색 끈의 길이)
=(빨간색 끈의 길이)+2 cm 9 mm
=7 cm 5 mm+2 cm 9 mm
=10 cm 4 mm

8 수빈이는 9시 25분 30초에 출발하여 1시간 40분 55초 후에 현장 체험 학습 장소에 도착했습니다. 수빈이가 현장 체험 학습 장소에 도착한 시각은 몇 시 몇 분 몇 초인가요?

(11시 6분 25초)

풀이 (현장 체험 학습 장소에 도착한 시각)
=(출발한 시각)+(걸린 시간)
=9시 25분 30초+1시간 40분 55초
=11시 6분 25초

100 101

102-103쪽

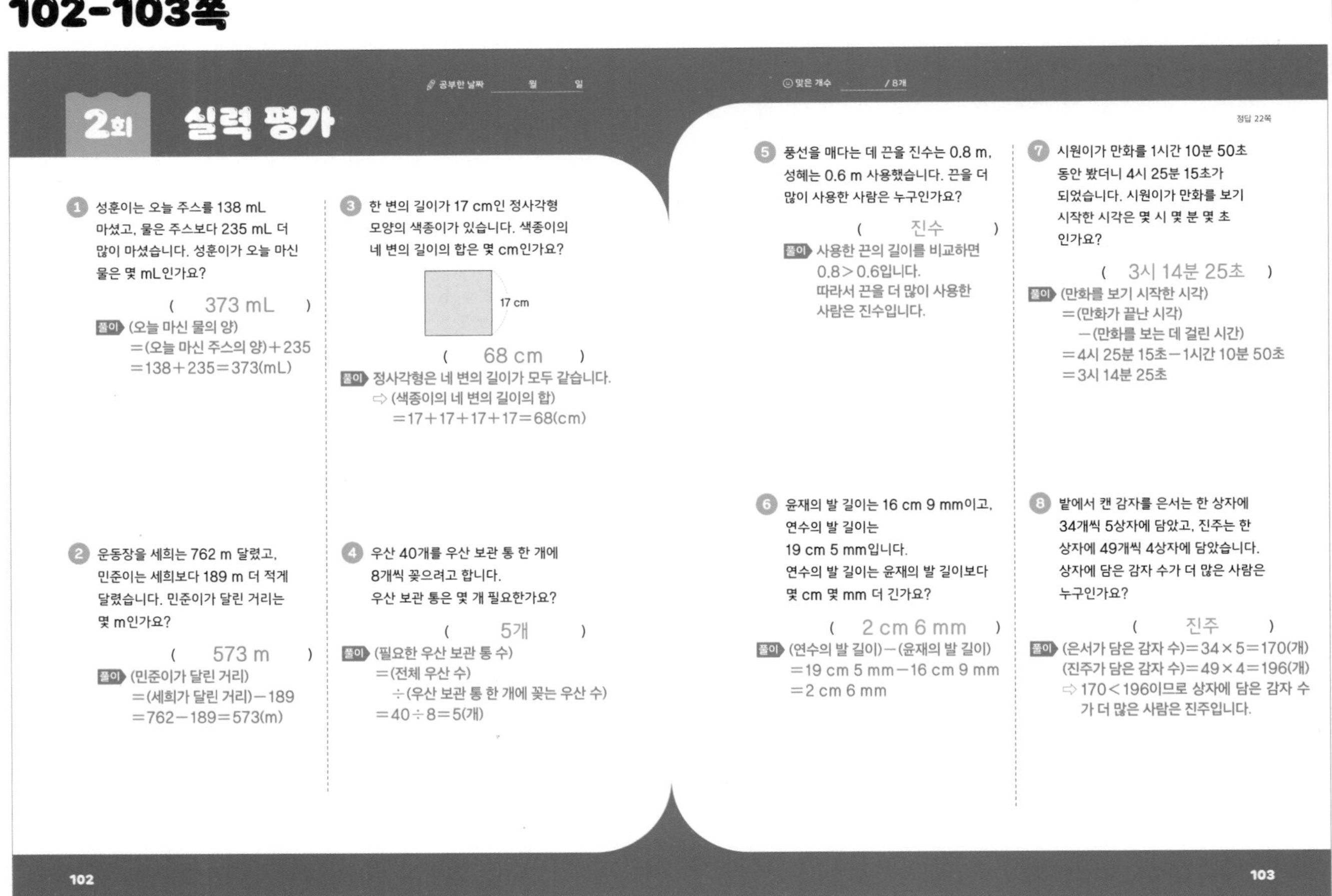

공부한 날짜 월 일

맞은 개수 /8개

2회 실력 평가

정답 22쪽

1 성훈이는 오늘 주스를 138 mL 마셨고, 물은 주스보다 235 mL 더 많이 마셨습니다. 성훈이가 오늘 마신 물은 몇 mL인가요?

(373 mL)

풀이 (오늘 마신 물의 양)
=(오늘 마신 주스의 양)+235
=138+235=373(mL)

2 운동장을 세희는 762 m 달렸고, 민준이는 세희보다 189 m 더 적게 달렸습니다. 민준이가 달린 거리는 몇 m인가요?

(573 m)

풀이 (민준이가 달린 거리)
=(세희가 달린 거리)−189
=762−189=573(m)

3 한 변의 길이가 17 cm인 정사각형 모양의 색종이가 있습니다. 색종이의 네 변의 길이의 합은 몇 cm인가요?

(68 cm)

풀이 정사각형은 네 변의 길이가 모두 같습니다.
⇨ (색종이의 네 변의 길이의 합)
=17+17+17+17=68(cm)

4 우산 40개를 우산 보관 통 한 개에 8개씩 꽂으려고 합니다. 우산 보관 통은 몇 개 필요한가요?

(5개)

풀이 (필요한 우산 보관 통 수)
=(전체 우산 수)
÷(우산 보관 통 한 개에 꽂는 우산 수)
=40÷8=5(개)

5 풍선을 매다는 데 끈을 진수는 0.8 m, 성혜는 0.6 m 사용했습니다. 끈을 더 많이 사용한 사람은 누구인가요?

(진수)

풀이 사용한 끈의 길이를 비교하면 0.8>0.6입니다.
따라서 끈을 더 많이 사용한 사람은 진수입니다.

6 윤재의 발 길이는 16 cm 9 mm이고, 연수의 발 길이는 19 cm 5 mm입니다. 연수의 발 길이는 윤재의 발 길이보다 몇 cm 몇 mm 더 긴가요?

(2 cm 6 mm)

풀이 (연수의 발 길이)−(윤재의 발 길이)
=19 cm 5 mm−16 cm 9 mm
=2 cm 6 mm

7 시원이가 만화를 1시간 10분 50초 동안 봤더니 4시 25분 15초가 되었습니다. 시원이가 만화를 보기 시작한 시각은 몇 시 몇 분 몇 초인가요?

(3시 14분 25초)

풀이 (만화를 보기 시작한 시각)
=(만화가 끝난 시각)
−(만화를 보는 데 걸린 시간)
=4시 25분 15초−1시간 10분 50초
=3시 14분 25초

8 밭에서 캔 감자를 은서는 한 상자에 34개씩 5상자에 담았고, 진주는 한 상자에 49개씩 4상자에 담았습니다. 상자에 담은 감자 수가 더 많은 사람은 누구인가요?

(진주)

풀이 (은서가 담은 감자 수)=34×5=170(개)
(진주가 담은 감자 수)=49×4=196(개)
⇨ 170<196이므로 상자에 담은 감자 수가 더 많은 사람은 진주입니다.

102 103

MEMO

MEMO

대표전화 1544-0554
주소 서울특별시 구로구 디지털로33길 48 대륭포스트타워 7차 20층